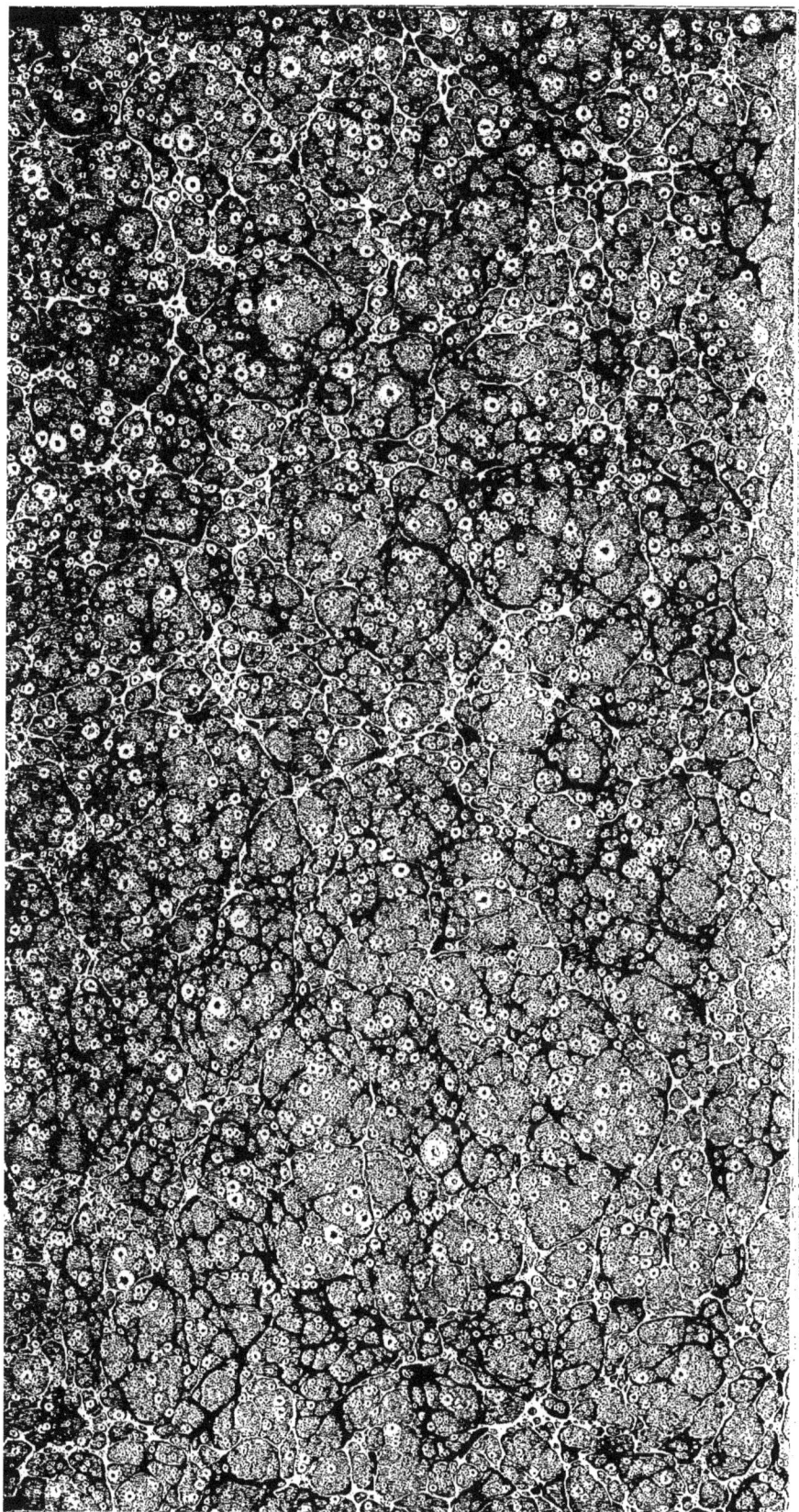

31997

NAVIGATION
MARITIME
Du Havre à Paris,
OU
MÉMOIRE

Sur les moyens de faire remonter jusqu'à Paris tous les Bâtimens
de mer qui peuvent entrer dans le port du Havre.

PAR CHARLES BERIGNY,

INSPECTEUR DIVISIONNAIRE AU CORPS ROYAL DES PONTS ET
CHAUSSÉES, OFFICIER DE LA LÉGION D'HONNEUR.

Conamur tenues grandia.....
HORACE, liv. Ier, ode 5.

A PARIS,
DE L'IMPRIMERIE DE DEMONVILLE,
RUE CHRISTINE, N° 2.

Mars 1826.

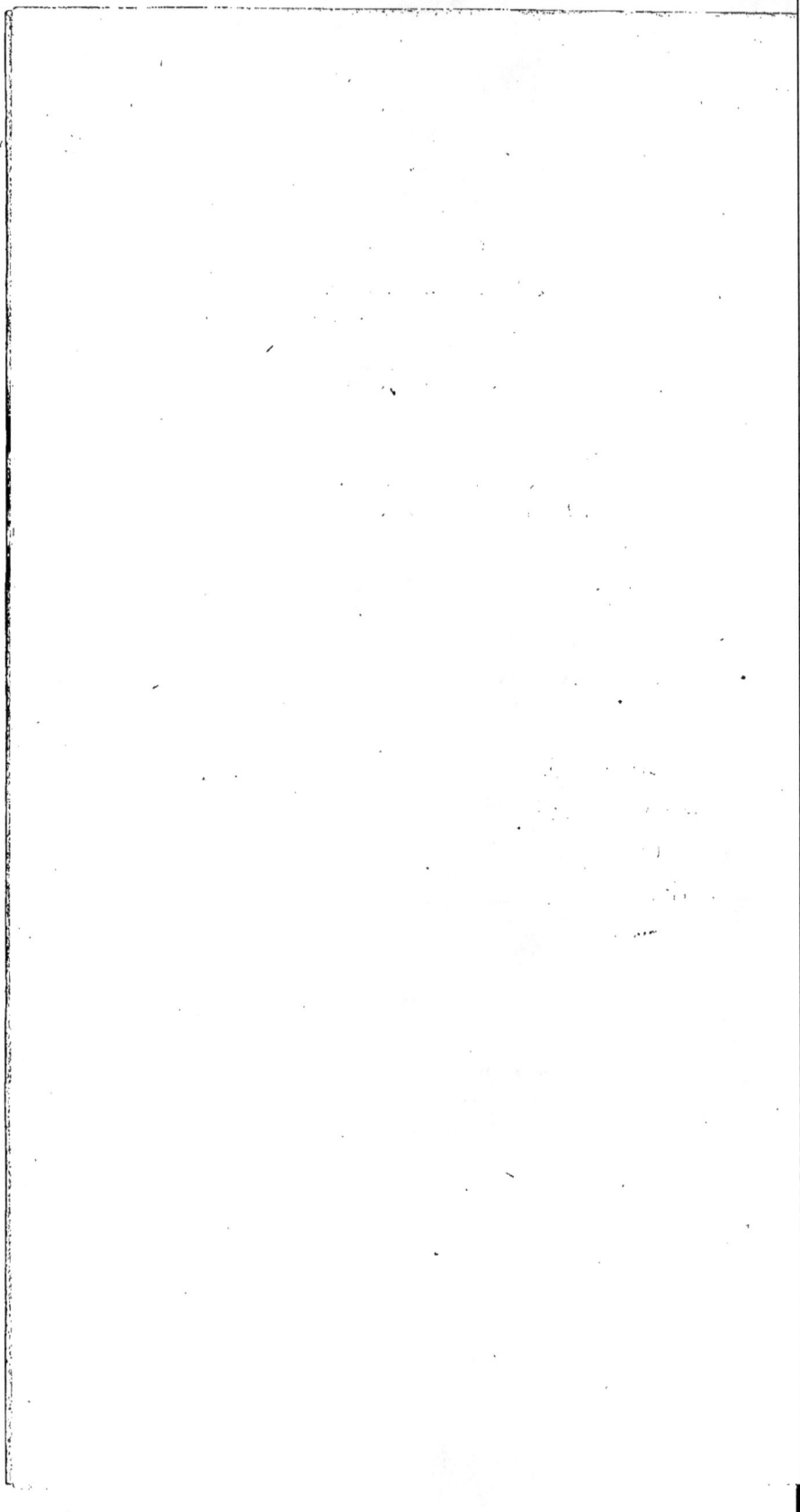

PRÉFACE DE L'AUTEUR.

Le projet, dont nous nous déterminons à publier aujourd'hui l'analyse, est terminé depuis le mois de mars 1825. Nous aurions désiré qu'il eût préalablement subi l'examen du conseil général des ponts et chaussées, afin de savoir jusqu'à quel point il mérite l'attention du public ; mais cet examen ayant été retardé par des causes indépendantes de notre volonté, et d'autres personnes ayant demandé à étudier un projet dans le même but de faire remonter à Paris de grands bâtimens de mer, nous nous décidons à produire le fruit de nos méditations et de nos recherches. Si le sentiment de notre insuffisance doit nous faire douter du succès de nos efforts dans une carrière qui n'a pas encore été parcourue, nous ne voulons pas du moins perdre le mérite d'avoir été le premier à répondre à l'espèce d'appel que SA MAJESTÉ a fait au zèle des ingénieurs français, en manifestant la pensée de voir Paris devenir un grand port de mer, lorsqu'il visita le canal Saint-Martin, le 29 novembre 1824.

On verra que nous n'avons pas approfondi les questions d'économie politique qui se rattachent à l'idée de faire de Paris un port de mer : nous laissons à des hommes plus éclairés que nous à cet égard la discussion sous ce rapport particulier. Nous n'avons voulu qu'indiquer les ressources que l'art de l'ingénieur pouvait offrir pour l'exécution d'un monument aussi vaste d'utilité publique.

————

MÉMOIRE

SUR LES

MOYENS DE FAIRE REMONTER JUSQU'A PARIS

TOUS LES

BATIMENS DE MER

QUI PEUVENT ENTRER DANS LE PORT DU HAVRE.

INTRODUCTION.

D<small>E</small> toutes les entreprises qui se rattachent au perfectionnement de la navigation intérieure, celle qui est relative aux améliorations de la navigation de la Seine entre Paris et la mer a dû fixer plus particulièrement l'attention de l'administration.

On s'est occupé depuis long-temps de cet objet important, quelques projets partiels ont même été rédigés ; mais pour présenter l'ensemble de toutes les améliorations praticables nous avons reçu en 1823 de M. Becquey directeur général des ponts et

1

chaussées l'honorable mission d'étudier tous les projets propres à rendre sûre, commode et aussi prompte que possible, la navigation depuis Paris jusqu'à la mer par la vallée de la Seine; et nous avons eu pour collaborateurs (1) MM. les ingénieurs en chef et ordinaires des départemens bordés ou traversés par cette rivière.

Nous avons cherché à remplir dignement la tâche qui nous était imposée : depuis trois

---

(1) Dans le départ. de la Seine.
{ M. Eustache, ingénieur en chef, directeur.
MM. Mallet et Devergès, ingénieurs ordinaires.

Dans le départ. de Seine-et-Oise.
{ M. Polonceau, ingénieur en chef, directeur.
M. Dastier, ingénieur en chef.

Dans le départ. de l'Eure.
{ M. de Lescaille, ingén. en chef.
MM. Petit et Robin, ingénieurs ordinaires.

Dans le départ. de la Seine-Inférieure.
{ M. Letellier, ingénieur en chef, directeur.
M. Chevallier, ingénieur en chef.
MM. Frissard, Sénéchal et Schwilgué, ingénieurs ordinaires.

Dans le départ. du Calvados.
{ M. Pattu, ingénieur en chef.
M. Pouettre, ingénieur ordinaire.

Le *Moniteur* du 23 août dernier a annoncé que MM. Pattu, Pouettre, Sénéchal et Petit s'étaient attachés au service de la Compagnie du canal maritime de Paris à la mer.

ans tout le cours de la Seine a été l'objet d'études sérieuses et approfondies; de nombreuses óbservations et opérations de toute espèce ont été faites avec autant de soin que de dévouement, et nous les avons dirigées de manière à ce qu'on puisse toujours en retrouver les traces sur le terrain; ce qui donnera la possibilité de les vérifier, quel que soit le projet à exécuter.

Dans son état d'étiage, la Seine ne présente pas sur beaucoup de points de son cours une profondeur d'eau de 3 pieds, et les plus grands bateaux actuellement en usage entre Paris et Rouen ne peuvent naviguer à pleine charge sans un mouillage de 6 pieds.

Entre la mer et Rouen, les navires ne trouvent pas plus de 9 à 10 pieds d'eau, en profitant même des marées favorables.

Afin que l'on puisse statuer sur le meilleur parti à prendre, nous avons rédigé et remis à l'administration divers projets généraux pour faciliter la navigation naturelle depuis la mer jusqu'à Rouen, et pour éta-

1*

blir entre Rouen et Paris une navigation avec 2 ou 3 mètres de tirant d'eau lors de l'étiage, soit qu'on reste toujours en lit de rivière en y faisant les ouvrages nécessaires, soit qu'on laisse au contraire la rivière dans son état naturel en ouvrant des canaux partiels et latéraux pour éviter toutes les parties difficiles ou trop peu profondes.

Les navires qui s'arrêtent actuellement à Rouen ne remonteraient sans doute pas jusqu'à Paris, quand même ils trouveraient partout un tirant d'eau de 3 mètres, parce que les nombreuses sinuosités du cours de la Seine rendraient l'usage des voiles trop précaire, et que les mâts et agrès seraient plus nuisibles qu'utiles quand il faudrait recourir au hallage ; d'ailleurs ces navires sont généralement d'un petit tonnage, et il faut un équipage plus nombreux pour tenir la mer que pour naviguer en lit de rivière, en sorte que les bateaux plats qui portent 3 à 400 tonneaux de marchandises conserveraient infailliblement assez d'avantages pour leur être préférés malgré les frais et les inconvéniens d'un transbordement à Rouen : mais il n'en serait pas de même des bateaux à vapeur qui n'ont besoin ni de vent ni de hallage; et aussitôt que ceux qui peuvent tenir la mer et qui tirent 8 à 9 pieds d'eau trouveraient un mouillage de 3 mètres, ils en profiteraient pour remonter jusqu'à Paris, et mettraient ainsi la capitale en communication directe avec Londres, Amsterdam, Lisbonne, etc.

Nous avions cru devoir renfermer nos études dans les limites que nous venons d'indiquer, parce que les produits à espérer dans l'état actuel de la navigation ne fourniraient pas de moyens pour exécuter des projets plus vastes; mais le bruit s'étant répandu que S. M. Charles X, en visitant le canal Saint-Martin, le 29 novembre 1824, avait exprimé la pensée de voir Paris devenir un grand port de mer, nous avons dès ce moment même recherché avec zèle et empressement toutes les ressources que l'art de l'ingénieur pouvait fournir pour résoudre cet important problème : nous n'avons pas été arrêtés par la considération des dépenses d'un projet aussi étendu, parce que ce n'est pas à nous qu'il appartient de juger des motifs qui pourraient décider d'une pareille entreprise. Dès le mois de mars 1825, nous avons présenté à M. le directeur général des ponts et chaussées le projet que nous avons rédigé et que nous venons de lui remettre avec plans, nivellemens, sondages, dessins, estimations, etc. Il nous a paru inutile de publier toutes les parties d'un travail dont le résultat seul peut intéresser le plus grand nombre de lecteurs, et c'est seulement l'analyse de ce projet que nous allons donner ici.

Nos recherches ont eu pour but d'atteindre la limite du possible, sans toutefois recourir à des combinaisons hasardées et peu réfléchies, et nous espérons que les détails, dans lesquels nous allons entrer, feront voir que l'on pourrait établir une navigation avec 6 mètres de tirant d'eau entre le Havre et Paris, et conséquemment faire arriver jusque sous les murs de la capitale les plus grands bâtimens de commerce, et même les frégates armées qui peuvent entrer dans le port du Havre.

Nous n'ignorons pas qu'une compagnie

a, par ordonnance du 16 février 1825, été autorisée à étudier un projet de canal maritime, destiné à conduire à Paris des navires de 800 tonneaux ; mais il suffit de savoir que ce projet, dont nous ne connaissons pas les moyens d'exécution, doit, aux termes de l'ordonnance qui expose les intentions de la compagnie, être entièrement placé sur la rive gauche de la Seine, pour se convaincre qu'il n'a et ne peut avoir aucun rapport avec celui que nous avons conçu et rédigé, dont la direction suit alternativement l'une et l'autre rive, et même en partie le lit de la rivière, passe à Rouen et va déboucher sur la rive droite dans les bassins même du port du Havre, où les navires trouveraient toute sûreté et commodité pour stationner, soit à leur arrivée, soit avant de reprendre la mer.

D'après cela, on doit croire qu'il y a plusieurs moyens de résoudre le problème, et il est heureux pour le gouvernement d'avoir à choisir entre plusieurs projets et de trouver des compagnies qui s'empressent de consacrer leurs capitaux à des entreprises aussi éminemment utiles.

Quel que soit le parti que l'on puisse prendre sur une entreprise de cette nature, et sur le mode de concession, elle est de si haute importance, et pour la compagnie qui en deviendra concessionnaire, et pour e public qui doit en jouir, que l'on ne peut lavoir trop de moyens de discussion et de comparaison. Ainsi, entièrement désintéressés dans cette grande question, et uniquement guidés par l'amour du bien public, nous croyons que l'on voudra bien accueillir avec quelqu'indulgence le tribut de nos faibles lumières; nous présenterions nos idées avec plus de confiance, si elles avaient préalablement été examinées par le conseil général des ponts et chaussées; mais cet examen que nous n'avons cessé d'appeler de tous nos vœux pouvant encore éprouver des retards plus ou moins longs, nous nous déterminons à publier dès à présent un extrait de notre projet général, afin que l'on puisse juger, sous le rapport de l'art, de l'importance et de la nature des difficultés à surmonter pour réaliser avec succès une aussi grande entreprise.

La navigation de Paris à la mer se divise

naturellement en deux parties : entre la mer et Rouen, elle est entièrement maritime; entre Rouen et Paris, elle est entièrement fluviale.

Les marchandises destinées pour Paris, et que les navires apportent dans le port de Rouen, sont déchargées et ensuite rechargées dans des bateaux plats; mais tout ce qui arrive dans des bâtimens d'un grand tonnage, qui ne peuvent remonter la rivière et qui restent au Havre ou à Honfleur, éprouve un double transbordement, l'un dans le port d'arrivée, et l'autre à Rouen.

Pour éviter le transbordement à Rouen, il faudrait que les navires qui fréquentent ce port pussent avantageusement remonter jusqu'à Paris, ou que les bateaux plats pussent descendre jusqu'au Havre; mais on ne pourrait s'affranchir de tout transbordement, à moins que les grands bâtimens de mer qui entrent au Havre ne puissent remonter jusqu'à Paris avec leur chargement, et c'est ce que nous nous sommes proposés d'obtenir; ainsi, et dans ce but, nous allons traiter successivement de la navigation de Rouen à la mer, et de Rouen à Paris.

NAVIGATION ENTRE ROUEN ET LA MER.

Les navires qui tirent 9 à 10 pieds d'eau peuvent à peine passer de haute mer de vive eau sur la traverse de Quillebeuf, tandis qu'il faudrait un tirant d'eau de 6 mètres pour les grands bâtimens; en effet le *Chandernagor* venant de l'Inde et portant 1000 tonneaux de marchandise tirait 17 pieds d'eau lorsqu'il est entré dans le port du Havre, en 1818. On a construit et armé des frégates dans ce port. Celles de 28 canons en batterie tirent 18 pieds d'eau; leur largeur est de 41 pieds, et leur longueur de 165.

Une fois qu'on a dépassé la traverse et tous les dangers de Quillebeuf, la Seine offre partout un canal large et profond jusqu'à Rouen. C'est cette disposition naturelle qui a sans doute déterminé les auteurs de projets applicables à la Basse-Seine à s'occuper essentiellement de l'embouchure de cette rivière, puisque c'est là seulement que sont les obstacles.

DIVERS PROJETS ANCIENNEMENT PROPOSÉS.

Parmi ceux qui ont proposé des vues d'amélioration, on doit particulièrement distinguer Lamblardie, ingénieur d'un rare mérite, qui, de concert avec M. de Chaubry, inspecteur divisionnaire en retraite, proposa en 1785 d'exécuter sur la rive droite un canal formant un grand biez de partage depuis le port du Havre, jusqu'à Villequier, pour que les bâtimens une fois entrés dans ce port pussent facilement arriver dans la partie du lit de la Seine, où il n'y a plus de dangers à courir, et où l'on trouve une grande profondeur d'eau jusqu'à Rouen.

En 1792, M. Cachin, ingénieur également très-habile, devenu depuis inspecteur général, et dont le corps des ponts et chaussées regrette vivement la perte encore toute récente, projeta d'ouvrir sur la rive gauche un grand canal, depuis le port d'Honfleur, jusqu'au point où la rivière ne présente plus d'obstacles. Le plafond de ce canal devait être de 15 pieds au-dessous du niveau des hautes mers ; et la rivière de Rille , avec les autres affluens, devait l'alimenter.

Il faut observer que si, d'une part, les difficultés d'exécution d'un canal, quoique de même ordre et de même nature pour chacune des deux rives, ne se montrent pas dans une aussi grande longueur sur la rive gauche que sur la rive droite ; d'autre part, le canal sur la rive droite se rattacherait au port du Havre, où il y a de vastes bassins et de grands établissemens commerciaux tout formés, tandis que sur la rive gauche , le port d'Honfleur ne présente pas le même degré d'importance, et bien qu'il offre cependant un grand intérêt , les localités s'opposent à son extension ; et il faudrait faire d'énormes dépenses pour y créer tous les établissemens nécessaires, si les mouvemens maritimes qui ont actuellement lieu sur la rive droite devaient s'opérer sur la rive gauche.

ÉTUDES RÉCENTES.

L'étude que nous avons faite des localités nous donne la conviction que l'exécution d'un canal sur l'une ou l'autre rive n'offre pas d'obstacles qui ne puissent être surmontés, si l'on n'est pas arrêté par la considération des dépenses.

M. Pattu, ingénieur en chef du Calvados, appelé d'abord à nous seconder dans l'étude du projet demandé par le gouvernement, et qui depuis a continué les mêmes études aux frais d'une compagnie, a publié, au mois de février 1825, les moyens qu'il propose pour perfectionner la navigation à l'embouchure de la Seine; cet ingénieur projette de construire entre Honfleur et Harfleur, un grand barrage qui aurait plus de deux lieues de longueur. Le couronnement de ce barrage serait établi au niveau de la haute mer de vive eau ordinaire, qui correspond au nombre 97 des hauteurs de marées rapportées dans l'Annuaire du Bureau des longitudes; il serait laissé vers chaque extrémité une passe, dont les dimensions seraient fixées, de manière que le produit des eaux de la rivière, lors de l'étiage, puisse s'écouler sans que le niveau des eaux en amont descende plus bas que le dessus du barrage.

Les eaux en état de crue déverseraient par-dessus le barrage, et elles pourraient le surmonter de $1,^m70$, sans excéder encore le niveau des plus hautes mers de vive eau.

A l'amont du barrage, la rivière dans le lit de laquelle M. Pattu est persuadé que les navires trouveraient un grand tirant d'eau, serait mise en communication avec les bassins des ports du Havre et d'Honfleur, au moyen d'un court embranchement de canal à ouvrir sur chacune des deux rives, et elle serait aussi mise en communication directe avec la mer, par les passes réservées vers chaque extrémité du barrage, qui serait d'ailleurs protégé par un brise-lame, contre la violence des tempêtes.

Ce barrage aurait, selon M. Pattu, pour principaux avantages de préserver les rives de la Seine des dégradations que la barre y occasione, de rendre à la culture une très-grande étendue de terrains actuellement mobiles, qui deviendraient fixes, et de mettre en communication permanente les ports de Rouen, du Havre et d'Honfleur, qui n'en formeraient pour ainsi dire plus qu'un seul; mais quelque séduisans que soient ces avantages au premier aperçu, les études de ce projet ne sont pas encore assez approfondies, et les opérations de nivellement ne sont pas suffisamment étendues pour fixer l'opinion sur les inconvéniens à redouter (1), et sur les moyens d'exécution qui sont la principale difficulté d'un pareil ouvrage; nous ajoute-

(1) Un barrage qui supprimerait la grande baie de la Seine que la mer remplît deux fois par jour apporterait nécessairement de grands changemens dans le régime des courans et des alluvions. Il est à désirer que les Savans qui seront appelés à juger ce projet de barrage veuillent bien donner au gouvernement leur opinion motivée, 1° sur le succès et sur les frais de l'exécution; 2° sur les chances d'avaries et sur les frais de réparation et d'entretien; 3° sur les attérissemens que le barrage pourra faire disparaître et sur ceux auxquels il pourra donner lieu; 4° enfin sur son influence à l'entrée et à la sortie des ports du Havre et d'Honfleur.

rons même que l'évaluation des dépenses portée par M. Pattu à 38,000,000 fr., nous paraît quant à présent aussi incertaine que le succès de l'entreprise.

La première idée de barrer la Seine à son embouchure est attribuée à feu M. Céard, inspecteur divisionnaire, qui a été employé à Honfleur; mais ici c'est bien moins dans la conception de l'idée d'un barrage, que dans l'invention de moyens propres à en assurer l'exécution, que se manifeste le mérite d'un auteur, et M. Pattu est trop éclairé pour se livrer à une entreprise aussi hardie sans la certitude d'un succès rapide et complet; car on pourrait avoir à regretter bien vivement, mais trop tard, d'avoir compromis entièrement l'état actuel de la navigation qui est d'une extrême importance, tout imparfait qu'il est.

M. de Lescaille, ingénieur en chef du département de l'Eure, a, de son côté, étudié un projet de barrage tout différent de celui que nous venons de décrire. Ce barrage, projeté dans la direction de Saint-Sauveur à Guenneville, serait composé d'une suite de pertuis

éclusés en nombre suffisant pour l'éva-
cuation des eaux douces : des portes tour-
nantes pour faire chasse à volonté, et des
portes busquées contre la mer seraient pla-
cées dans chaque pertuis : deux grandes
écluses à sas avec portes contre-busquées
serviraient au passage de plusieurs navires
à la fois. Le reste de la baie de la Seine serait
barré par des digues insubmersibles qui,
au moyen de ponts établis sur les écluses
et sur les pertuis, ouvriraient une communication très-importante entre les deux rives
de la Seine.

M. de Lescaille se dispose à répondre aux
objections graves que l'on peut faire à son
projet, tant sous le rapport des moyens
d'exécution et de conservation de pareils
ouvrages, que sous celui des effets qui doivent résulter des changemens qu'ils produi-
raient sur le régime du fleuve et des marées.

DISPOSITIONS PROPOSÉES PAR L'AUTEUR.

Quel que soit le parti auquel on puisse
ultérieurement s'arrêter, nous croyons que

2

l'on pourra toujours se procurer le tirant d'eau nécessaire, et éviter plus sûrement les dangers et les difficultés de l'embouchure de la Seine, sans que la navigation actuelle soit compromise, en préférant un canal latéral à un barrage ; et c'est sur la rive droite que nous proposons d'ouvrir ce canal, afin de profiter des grands établissemens qui existent au Havre : le tracé est exprimé sur la carte ci-jointe.

Nous prolongeons le canal du Havre à Villequier jusqu'à Gauville, au-dessus de Caudebec, pour dépasser l'obstacle connu sous le nom de *Banc des Meules* ; il aurait 60,000 mètres de longueur ; sur moitié de cette longueur en deux parties, l'une depuis Orcher jusqu'à Tancarville, et l'autre depuis Villequier jusqu'à Gauville, ce canal serait à exécuter, tant au pied de hautes falaises coupées à pic et battues par la mer, que contre des coteaux fort escarpés : le surplus du canal serait en plaine et sans difficultés extraordinaires. Il faudrait protéger, par une forte digue, toute l'étendue de canal exposée à l'action de la mer, et conséquem-

ment défendre cette digue par des enro-
chemens, des perrés ou des clayonnages,
et en assurer l'imperméabilité par des con-
rois, afin de conserver le niveau des eaux
dans le canal à la hauteur nécessaire pendant tout le temps que les eaux de la mer
seraient extérieurement au-dessous de ce
niveau. La digue serait portée plus ou moins
au large, selon que chaque localité l'exigerait.

Nous sommes convaincus d'ailleurs, par
les nombreux ouvrages en fascinages de
toute espèce que nous avons fait exécuter
sur les bords du Rhin, que ce genre de travail pourrait recevoir les plus heureuses
applications sur les rives de la Seine, et
offrir des ressources aussi précieuses qu'é-
conomiques pour garantir les digues et talus
des érosions.

Une largeur de 20 mètres au plafond, et
des talus intérieurs de 2 de base pour un de
hauteur, suffiraient pour que le canal don-
nât un libre passage à deux grands bâtimens.
Les sas à construire à chaque extrémité
seraient disposés pour contenir à la fois le

2*

nombre des navires que l'on fixerait d'après les besoins du commerce.

En suivant la rivière au-dessus de Caudebec, on trouve le grand contour de Jumièges et le passage appelé *Bout du Vent*, où les navires éprouvent souvent des retards. On éviterait toutes les difficultés, et on réduirait à 3,420 mètres le trajet à parcourir, qui est actuellement de 18,000 mètres, en ouvrant une tranchée entre Yainville et Saint-Paul, près Duclair : cette tranchée est indiquée sur la carte ci-jointe.

Il n'y aurait pas de profondes excavations à faire pour exécuter cette tranchée ; car, d'après le projet détaillé qui en a été fait avec beaucoup de soin par M. l'ingénieur Frissard, le point culminant de la noue naturelle que l'on suivrait n'est que de $11^m,085$ au-dessus du niveau de l'étiage des eaux de la Seine. Cette coupure est la seule qui soit praticable entre le Havre et Rouen ; les autres isthmes que l'on voudrait couper ont une grande élévation et nécessiteraient des dépenses excessives.

Ainsi, un canal de 60,000 mètres de longueur à ouvrir entre le Havre et Gauville, et une coupure de 3,420 mètres de longueur à faire entre Yainville et Saint-Paul, sont les seuls travaux que nous proposions d'exécuter : pour le surplus du trajet sur 13 lieues de longueur, la navigation resterait en lit de rivière, et l'on pourrait alors faire remonter jusqu'à Rouen tous les grands bâtimens que le port du Havre peut recevoir. Le trajet à parcourir entre le Havre et Rouen serait réduit à 29 lieues de poste.

NAVIGATION ENTRE ROUEN ET PARIS.

A peu de distance au-dessus de Rouen, le tirant d'eau diminue tout-à-coup, et loin que la navigation maritime puisse être continuée, les bateaux plats qui chargent à Rouen ne trouvent pas même 3 pieds de profondeur d'eau lors de l'étiage pour remonter à Paris, ainsi que nous l'avons déjà dit.

Avant d'exposer le système à l'aide duquel nous croyons que l'on peut avec succès faire arriver à Paris les plus grands bâtimens de commerce, nous allons d'abord examiner et discuter les différens moyens que l'on pourrait croire propres à procurer le tirant d'eau nécessaire.

DISCUSSION DES DIVERS MOYENS D'OBTENIR UN GRAND TIRANT D'EAU.

L'approfondissement de la Seine est la première idée qui se présente à l'esprit : MM. Passement ingénieur, et Bellart avocat au conseil proposèrent, dès l'année 1760, de creuser le lit de la Seine de 6 pieds sur 12 toises de largeur, et de pratiquer un petit canal à l'extrémité de chaque pont, pour faire arriver de Rouen à Paris les vaisseaux marchands avec tous leurs agrès, mâts, voiles, cordages et cargaisons. Le célèbre Perronnet, chargé dans le temps de donner son avis sur ce projet, ne le jugea pas assez réfléchi; il pensa que son exécution était impossible et sans utilité pour la ville de Paris.

Si l'on croyait encore à la possibilité d'approfondir assez le lit de la Seine pour que les grands bâtimens de mer tirant 17 à 18 pieds d'eau pussent remonter jusqu'à Paris, il faudrait que, sur tous les hauts fonds où il ne reste pas 3 pieds d'eau en été, on pût trouver 18 pieds ; ainsi, ce ne serait pas seulement de 6 pieds, mais de 15 pieds qu'il faudrait creuser le lit de la rivière.

Les hauts fonds du lit forment des barrages ou seuils naturels, auxquels sont dues les plus grandes profondeurs que l'on trouve en amont ; si l'on abaissait ces seuils, on détruirait l'effet qu'ils produisent, et les parties les plus profondes devraient à leur tour être approfondies, de telle sorte que de proche en proche on serait conduit à creuser, jusqu'à ce que tout le développement du lit de la Seine fût parvenu à un plan de pente uniforme ; et, en définitive, après d'immenses travaux et d'énormes dépenses, on n'aurait obtenu d'autre résultat que d'avoir partout une profondeur insuffisante avec une grande vitesse d'eau.

S'il ne s'agissait que d'accroître un peu la profondeur d'eau sur quelques points, et d'y faire seulement une passe pour des bateaux, l'on conçoit que, pour un fleuve

qui, comme la Seine, roule une assez grande
masse d'eau, on puisse y parvenir avec succès, sans que la section transversale de la
tranche d'eau en mouvement soit sensiblement augmentée, et conséquemment sans
avoir rien à craindre du léger abaissement
qui aurait lieu en amont; mais, dans le
cas qui nous occupe, ce ne sont pas de lé-
gers dragages qu'il faudrait, ce sont des
excavations énormes qui détruiraient le régime actuel de la rivière, sans que l'on
puisse en espérer aucun succès.

Les rétrécissemens que l'on pourrait également faire concourir avec les creusemens
à l'accroissement du tirant d'eau seraient
très-dispendieux et très-peu efficaces.

On pourrait encore augmenter la hauteur
d'eau dans le lit de la Seine, en construisant
des barrages pour diminuer la pente et la
vitesse; mais le gonflement des eaux est nécessairement limité par la hauteur des rives;
celles de la Seine commencent à être généralement surmontées, lorsque les eaux sont
à 4 mètres au-dessus de l'étiage: c'est à ce
terme que le hallage ne peut plus s'effec-

tuer, et que la navigation cesse ; ainsi, pour obtenir 6 mètres de tirant d'eau en rivière, il faudrait faire gonfler ses eaux de 5 à 6 mètres, et l'on ne pourrait pas employer des barrages d'une aussi grande hauteur sans occasioner des débordemens permanens, et mettre les riches propriétés riveraines dans un état constant d'inondation et d'insalubrité.

Après avoir exposé la difficulté d'obtenir dans le lit de la Seine une profondeur d'eau de 6 mètres, nous allons examiner si, dans un canal entièrement indépendant de la rivière et qui resterait toujours sur une même rive, on ne pourrait pas se procurer cette hauteur d'eau.

Si l'on ne se contente pas de la simple inspection des cartes, et que l'on examine le terrain, on reconnaît bientôt qu'il y aurait d'innombrables difficultés à vaincre pour établir un canal suivant toujours une seule et même rive.

La grande hauteur des coteaux qui bordent la rivière, les escarpemens de roches

calcaires à nu qu'ils présentent sur plusieurs points, et contre lesquels elle s'appuie sur de grandes longueurs, la nécessité
de faire passer le canal à travers plusieurs
villes importantes et de franchir beaucoup
d'affluens, sont autant d'obstacles qui rendraient extrêmement dispendieux l'établissement d'un canal même de simple navigation ordinaire; et à plus forte raison que ne
devrait-on pas craindre des difficultés qu'il
faudrait surmonter et des dépenses qu'il y
aurait à faire pour exécuter un canal, dans
lequel la profondeur d'eau serait de 6 mètres?

Les obstacles que l'on éprouve pour
étancher les canaux ordinaires, dans lesquels il n'y a pas même 2 mètres de hauteur d'eau, doivent faire craindre des infil-
trations bien autrement grandes, lorsqu'il
s'agit d'une profondeur de 6 mètres, dont
l'action sur le plafond devient neuf fois plus
énergique que dans un canal ordinaire; d'ailleurs les terres à traverser sont en général
calcaires ou graveleuses, et d'une perméabi-
lité extrême; en sorte que la conservation
des eaux dans un canal à grande profon-

deur développant les coteaux de la Seine,
serait à elle seule un des problèmes d'art les
plus difficiles à résoudre, et la dépense qu'il
faudrait faire en revêtemens serait énorme.

Nous conviendrons toutefois que notre
opinion à cet égard n'est fondée que sur des
données générales, qui nous ont entièrement
détournés de faire dans ce sens les études
détaillées auxquelles nous étions libres de
nous livrer pour rectifier nos idées si nous
étions dans l'erreur: en conséquence, nous
n'entendons rien préjuger sur le choix d'une
direction particulière dont nous pourrions
avoir méconnu les avantages.

Des canaux partiels qui seraient ouverts
alternativement sur les deux rives, dans les
parties qui offriraient le moins de difficultés
ont aussi fixé notre attention et celle de nos
collaborateurs; mais ceux-ci redoutent les
traversées en rivière, qu'ils regardent comme
difficiles à rendre sûres en tous temps, sans
faire de grands travaux et de grandes dépenses; et ils n'admettraient ce système que
dans le cas où il ne faudrait réaliser qu'un
tirant d'eau de 3 mètres au plus, encore

pour obtenir cet avantage, aimeraient-ils mieux employer des barrages et rester en rivière ; ils n'ont pas eu à examiner ce qu'il faudrait faire pour obtenir un tirant d'eau de 6 mètres, et nous avons démontré page 25 que de simples barrages ne pourraient pas seuls atteindre ce but.

DISPOSITIONS PROPOSÉES PAR L'AUTEUR.

Les recherches auxquelles nous nous sommes livrés ne nous ont pas conduits à d'autre système praticable que celui d'établir des canaux partiels ouverts alternativement sur les deux rives, pour créer une grande navigation maritime entre Paris et Rouen.

L'étude soignée que nous avons faite du terrain sur tout le cours de la Seine nous a appris que partout où une rive serre le pied des coteaux et présente des difficultés à l'établissement d'un canal de dérivation, la rive opposée est en plaine et généralement sans obstacles.

Ainsi, pourvu que l'on puisse changer de

rive à volonté, l'exécution d'un canal serait très-facile.

Le problème étant ramené à trouver les moyens de traverser la Seine avec sûreté, facilité, et un tirant d'eau de 6 mètres lors de l'étiage, nous avons pensé que l'on pourrait le résoudre en employant des barrages convenablement placés, conçus et disposés. En effet, d'une part la rivière offre partout des profondeurs inégales, et si sur beaucoup de points l'on ne trouve pas un mètre de hauteur d'eau, sur un bien plus grand nombre, la profondeur est de 3 mètres et même plus, et d'autre part les bords ne sont inondés que lors des crues de 4 mètres et au-dessus; conséquemment un gonflement de 3 mètres lors de l'étiage, serait sans inconvénient et procurerait un tirant d'eau de 6 mètres aux endroits où il y a déjà 3 mètres de profondeur : il ne s'agit donc que de choisir convenablement les emplacemens pour traverser la rivière.

Nous ne dissimulons pas que plusieurs difficultés graves sont à surmonter, mais nous croyons qu'il est possible d'en triompher : c'est dans cet espoir que nous avons conçu un nouveau système de barrage dont nous allons faire connaître les principales dispositions ; nous ferons remarquer d'ailleurs qu'il ne s'agit pas de barrages à la mer comme ceux de MM. Pattu et de Lesçaille, mais de barrages en rivière, hors d'atteinte des marées.

Les barrages doivent être construits de manière que le régime de la rivière n'en soit pas sensiblement altéré, que l'écoulement des grosses eaux soit assuré, que le passage des glaces puisse s'opérer sans embâcle, que le débordement des rives n'ait pas lieu plutôt que dans l'état actuel des choses, que les inondations ne soient ni plus étendues ni plus fréquentes qu'elles le sont aujourd'hui, que la navigation soit praticable non-seulement lors des basses eaux, mais encore qu'elle ne cesse pas avant que les eaux de la Seine aient atteint la hauteur qui interrompt les chemins de hallage : toutes ces conditions nous paraissent devoir être remplies avec des barrages occupant

toute la largeur de la rivière, placés aux endroits où la Seine a naturellement 3 mètres
de profondeur, composés d'un radier général solidement établi, dont le dessus serait descendu au niveau du fond du lit ou
à 3 mètres au-dessous de l'étiage, et sur lequel seraient élevées des piles en nombre
suffisant, qui laisseraient entr'elles des passages de 8 à 10 mètres de largeur que l'on
fermerait pour opérer un gonflement de
3 mètres et pour se procurer ainsi le tirant
d'eau de 6 mètres qui doit avoir lieu sur toute
l'étendue du radier, afin que les grands bâtimens de mer puissent traverser d'une rive
à l'autre.

De pareils ouvrages ne changeraient rien
au régime du fond du lit, lorsque tous les
pertuis seraient ouverts, puisque leurs seuils
ou radiers étant au fond même de la rivière,
ne forment aucune saillie; l'écoulement des
grosses eaux et le mouvement des glaces
seraient aussi libres qu'ils le sont sous la
plupart des ponts existans. Les piles qui seraient submergées d'environ 3 mètres lors
des grandes eaux ne pourraient accroître
ni la hauteur ni la durée des inondations.

Il suffirait d'une écluse à sas pratiquée à
peu de frais dans chaque barrage pour conserver la navigation actuelle en rivière qui
serait même affranchie par le gonflement des
eaux de la plupart des obstacles qu'elle
éprouve aujourd'hui.

On emploierait des poutrelles à échappement total ou partiel, à volonté, pour fer-
mer les orifices et produire le gonflement
de 3 mètres, nécessaire pour qu'il y ait 6
mètres de profondeur d'eau sur les radiers
placés déjà à 3 mètres au-dessous de l'étiage.

La rotation de demi-cylindres creux en
fonte de fer placés verticalement et contre la demi-face desquels s'appuieraient les
poutrelles suffirait pour déterminer leur
échappement ; comme il n'y aurait qu'un
arrêt à lâcher pour opérer l'ouverture des
poutrelles, il ne faudrait employer aucune
force, et l'on pourrait même disposer les
choses de manière que, d'une seule rive, l'é-
clusier pût ouvrir tous les passages à la fois,
si quelque circonstance pouvait rendre cette
manœuvre nécessaire.

Avant que les piles ne soient submergées par les eaux en crue, toutes les fermetures à poutrelles seraient ouvertes pour que la profondeur du lit restât constamment la même.

Des pieux de garde ou des corps morts seraient convenablement disposés en amont des barrages pour retenir solidement les navires, et s'opposer à ce qu'ils soient entraînés et brisés contre les piles, lorsque l'état des eaux obligerait à tenir plusieurs ou même tous les pertuis entièrement ouverts. Un pont de service serait facilement établi lorsqu'il serait nécessaire.

'La difficulté d'obtenir constamment sur toute la largeur de la rivière une profondeur qui soit au moins de 6 mètres d'une rive à l'autre, pour que le passage des bâtimens puisse s'effectuer sans danger, nous a d'abord arrêtés; mais nous avons trouvé un moyen naturel et simple de maintenir sur toute l'étendue des radiers, et même jusqu'à une certaine distance en amont des barrages, la profondeur d'eau nécessaire : il suffirait pour cela que l'écoulement habituel des eaux pût avoir lieu par le fond, au

lieu de s'effectuer par déversement ou pa
l'ouverture totale d'un ou de plusieurs pe
tuis. En effet, un écoulement de fond
simultané sur toute l'étendue du radier d'u
barrage, produit nécessairement jusqu'
quelque distance à l'amont, un courant ra
pide qui forme une chasse permanente
ne peut manquer de tenir le fond du lit à l
même profondeur que celle du radier; tou
ensablement serait donc impossible dan
toute l'étendue où s'effectuerait le passag
des navires.

Le nombre des poutrelles à mainteni
simultanément ouvertes dans tous les pe
tuis de chaque barrage serait réglé de ma
nière à débiter entièrement de fond, et san
aucun déversement, tout le volume des eau
de la Seine dans son état d'étiage.

Les dispositions que nous venons d'indi
quer nous paraissent propres à réaliser ave
succès la profondeur d'eau que nous nou
sommes proposé d'obtenir, et à rendre sûr
et facile la traversée des navires d'une riv
à l'autre. Nous ne joignons pas ici les des
sins détaillés que nous avons faits du systèm

de barrage que nous avons conçu, parce
que nous espérons que les détails dans lesquels nous sommes entrés, et le plan général ci-joint suffisent pour en donner une
idée exacte.

Les canaux de dérivation débouchant
à l'amont des barrages seraient accom-
pagnés de levées insubmersibles formées
avec les terres provenant des fouilles; par
ce moyen la navigation ne cesserait plus
comme aujourd'hui, lorsque les eaux de la
Seine sont à 4 mètres au-dessus de l'étiage;
elle continuerait à toutes les hauteurs de la
rivière, et ne serait interrompue que par la
gelée qui ne dure jamais long-temps.

Les excavations à 3 mètres au-dessous de
l'étiage pourraient présenter des difficultés
si elles devaient avoir lieu dans le rocher;
car bien que dans toute l'étendue du cours
de la Seine on ne trouve généralement que
de la roche calcaire, on pourrait tomber
sur des bancs assez durs pour résister aux
plus puissantes machines à draguer : toutefois la faculté de changer de rive permettrait d'ouvrir les canaux de dérivation assez loin du pied des coteaux, ainsi

3*

l'on ne pourrait jamais craindre d'avoir à attaquer la roche qu'accidentellement, et sur de très-petites longueurs. Dans ce cas on pourrait facilement employer la mine sous l'eau, en faisant usage de la cloche à plonger : on pourrait aussi épuiser l'eau en faisant le travail par parties dont la longueur serait en raison inverse de l'abondance des eaux à épuiser. Nous croyons encore que des fers de scies circulaires d'environ un mètre de diamètre, montés sur les axes inférieurs des châssis qui portent les hottes de la machine à draguer, sépareraient très-promptement toute la surface du rocher par zônes, dont on déterminerait l'épaisseur d'après la ténuité de la roche, afin qu'à l'aide de longues pinces de fer, agissant comme des leviers, on puisse aisément faire éclater par morceaux toute la partie qui aurait été sillonnée, et dont les débris seraient ensuite facilement enlevés avec la drague.

Il n'y aurait rien à craindre des filtrations ni des pertes d'eau, puisque chaque dérivation serait en communication directe avec la rivière qui forme un réservoir inépuisable, et que le niveau de l'eau dans chaque dérivation, serait très-peu au-dessus de celui de l'eau dans la partie correspondante de la rivière; des contre-fossés débouchant en aval des barrages, garantiraient les terrains latéraux de toute inondation, en assurant un libre et constant écoulement aux eaux de source et de filtration.

Si l'on choisissait convenablement l'emplacement des barrages, les canaux de dérivation n'auraient à traverser aucune des rivières affluentes à la Seine, et ces rivières n'éprouveraient à leur confluent aucun gonflement nuisible.

Chaque dérivation serait protégée en amont par une écluse de garde, pour prévenir les envasemens, lorsque les eaux sont trop troubles, et pour s'opposer à l'entrée des glaces lorsque la rivière en charrie ou qu'elle est en débâcle.

Au moyen d'une ou de plusieurs écluses à sas, ayant ensemble pour chute la pente naturelle de la rivière dans l'étendue corres-

pondante à chaque canal partiel, l'eau serait
maintenue de niveau et sans vitesse sensible
en sorte que la navigation serait aussi facile
en montant qu'en descendant, soit au moyen
du hallage ou du remorquage, soit à l'aide
du vent lorsqu'il permettrait d'user de la res
source des voiles.

Le busc de chaque écluse de garde serait
à 3 mètres au-dessous de l'étiage nature
correspondant à la tête d'amont de chaque
dérivation, et le busc de l'écluse à sas d'aval
serait aussi à 3 mètres au-dessous de l'étiage
pris à la tête d'aval.

Il faudrait donner aux écluses 14 mètres
de largeur, si l'on voulait conduire à
Paris les frégates armées, mais 11 à 12 mètres suffiraient pour la navigation des grands
bâtimens du commerce. Nous croyons inutile de joindre ici les dessins détaillés que
nous avons produits du système d'écluse
que nous venons d'indiquer.

Il ne faut pas se dissimuler que les fondations d'ouvrages dont le dessus des radiers

serait descendu jusqu'à 3 mètres de profondeur au-dessous de l'étiage, offriront d'assez grandes difficultés d'exécution, dont l'intensité dépend de la nature du sol sur lequel il faudra bâtir. Mais soit que l'on procède directement par épuisement pour asseoir les fondations, soit que l'on opère par dragage et que l'on emploie un massif de béton assez étendu et assez épais pour faciliter la construction dans l'enceinte que l'on aurait formée, et pour en assurer la solidité, soit que l'on emploie des pilots et des caissons, nous croyons que la possibilité d'exécution avec espoir de succès et sans des dépenses hors de prévision, ne doit pas être mise en doute. A cet égard, nous pouvons citer la grande écluse de bassin que nous avons projetée et fait construire à Dieppe (1), dont les fondations ont offert

---

(1) Cette écluse a été fondée sur pilotis et plateforme, par épuisement, et assez bas pour que les frégates armées pussent passer sur les buscs à toutes marées même en morte-eau; il a fallu en conséquence descendre les fouilles jusqu'à près de 12 mètres au-dessous du niveau des plus grandes marées, et les eaux de

des difficultés de toute nature, que nous
sommes cependant parvenus à surmonter

Les routes qui seraient coupées par les
canaux de dérivation sur l'une ou sur l'autre

---

basse-mer dans l'arrière-port autour de l'enceinte res
taient encore de 5 à 6 mètres au dessus des fouilles.

Les filtrations étaient si abondantes et si énergiques
que sans le secours de notre procédé d'injection sous
œuvre et sans tous les moyens employés jour et nuit
pour échelonner les difficultés afin de les combattre
partiellement, il eût fallu renoncer à fonder à une aussi
grande profondeur.

Ces injections consistaient à introduire un mortier
de pouzzolane sous la plate-forme avec des corps de
pompes armés de pistons sur lesquels une pression peu
considérable suffisait pour exercer une grande action
le mortier mou et participant de la propriété des fluides
s'étendait à une grande distance, réagissait puissam
ment dans tous les sens, et remplissait ainsi tous les
vides qui se trouvaient entre la plate-forme et la ma
çonnerie pratiquée dans les cases du grillage en char
pente.

Nous avons été assez heureux pour obtenir de ce
nouveau procédé un succès qui a justifié toutes nos es
pérances. Nous l'avions appliqué pour la première fois
à la restauration de la grande écluse de chasse du port

rive de la Seine, seraient desservies par un
ou par deux ponts mobiles, de manière que
la viabilité ne puisse pas être un seul instant
interrompue sur celles de première importance. Des ponts tournans en bois dans le
système de celui que nous avons construit
à Cherbourg il y a 25 ans, sont simples,
économiques et faciles à manœuvrer; le
bon état dans lequel ce pont se trouve

———

de Dieppe; sans l'emploi de ce moyen très-simple et
toujours peu coûteux, cette écluse restée hors de service pendant sept ans, n'aurait pas été rendue à sa destination, et le port de Dieppe qui n'était déjà plus ac-
cessible qu'aux bateaux pêcheurs et qui peut recevoir
maintenant les navires du plus grand tonnage, serait
entièrement fermé.

Maintenant que le temps a confirmé les avantages et
l'efficacité des injections, soit avec des mortiers, soit
avec de la glaise bien corroyée, pour prévenir et même
pour arrêter les filtrations, et que l'on peut sans rien dé-
molir et à très-peu de frais appliquer ce procédé aux
grands ouvrages hydrauliques aussi bien qu'aux mou-
lins et usines des particuliers, nous nous proposons de
publier quelques détails sur les moyens de l'employer
avec toute l'économie et tout le succès que l'on doit en
attendre.

encore aujourd'hui est la meilleure preuve de la solidité et du succès de cette construction. Les ponts auraient au moins 4 mètres de largeur entre les garde-fous, avec deux trottoirs laissant entre eux 2 mètres de distance pour le passage des roues des voitures.

D'après ce qui précède et les détails dont nous nous sommes rendus compte, nous croyons, 1° que les navires pourraient avec facilité et sécurité traverser la Seine pour passer d'une dérivation dans une autre, et que l'on pourrait maintenir constamment, et sans aucuns frais, la même profondeur d'eau sur toute la largeur du lit de la rivière, dans la ligne du passage des bâtimens.

2° Que les excavations des canaux de dérivation pourraient être descendues à 3 mètres au-dessous de l'étiage, sans qu'on eût à craindre des dépenses excessives, lors même qu'on rencontrerait quelques parties de roches calcaires.

3° Qu'on pourrait établir les fondations des ouvrages d'art sans s'écarter des moyens d'exécution usités et justifiés par l'expérience.

4° Que la viabilité serait facilement maintenue sans aucune interruption sur les routes de première importance , avec des ponts mobiles convenablement disposés pour que la navigation ne puisse en même temps éprouver aucuns retards.

TRACÉ PROJETÉ ENTRE ROUEN ET PARIS.

Le tirant d'eau naturel en remontant la Seine , à partir de Rouen , devient bientôt insuffisant , et le courant rétrograde de la marée montante , qui est si favorable à la navigation ascendante depuis la mer jusqu'à Rouen , devient insensible et disparaît même entièrement à peu de distance au-dessus de Rouen.

L'inégalité qui existe dans la répartition de la pente de la rivière entre Paris et Rouen , produit , sur beaucoup de points , de grandes différences dans l'intensité de la vitesse des eaux , et il en résulte des passages difficiles et même dangereux , parce qu'un grand courant indique toujours une faible profondeur d'eau : au pertuis de Poses, par exemple, il faut jusqu'à 60 chevaux et 40 hommes de renfort pour faire remonter un bateau qui, presque partout ailleurs, n'a besoin que de 8 à 10 chevaux.

On peut suivre sur la carte ci-jointe le tracé que nous allons développer.

Le grand pont de pierre en construction à Rouen est le premier obstacle qui s'oppose au passage des navires dont la mâture est fixe : pour l'éviter, on ouvrirait une première dérivation sur la rive gauche ; elle commencerait en aval du port de Rouen, passerait à travers le faubourg Saint-Sever par derrière les casernes, et se prolongerait en remontant jusqu'à Oissel.

Les grandes routes qui aboutissent à Rouen, et que la première dérivation traverserait, sont très-importantes, et il faudrait trois ponts tournans pour les desservir convenablement ; des bacs suffiraient pour toutes les autres communications.

A partir d'Oissel, la continuation d'un

canál sur la rive gauche éprouverait les plus
grandes difficultés : le rapprochement d'un
coteau très-escarpé, les villes d'Elbeuf et de
Pont-de-l'Arche, qu'il faudrait traverser, la
rivière d'Eure à passer, sont des obstacles
que l'on peut éviter en quittant la rive gauche près d'Oissel pour traverser la Seine, et
en ouvrant un second canal de dérivation
sur la rive droite.

Un premier barrage établi un peu en aval
d'Oissel, ayant son radier à 3 mètres au-
dessous de l'étiage, et produisant un gonflement de 3 mètres, assurerait aux grands
bâtimens le tirant d'eau de 18 pieds qui leur
serait nécessaire pour pouvoir traverser la
rivière lors des basses eaux.

La différence de niveau entre la surface
de l'eau prise à la tête d'amont et à la tête
d'aval de la première dérivation, serait rachetée par deux grandes écluses à sas. Les
localités offrent d'ailleurs toute facilité pour
former des gares et des bassins qui soient
en même temps en communication avec le
port de Rouen et avec la première dérivation.

Le second canal de dérivation partirait du Haut-Tourville, et passerait en tranchée à ciel ouvert par le Val-Regnoult, dont la partie culminante, de très-peu de longueur, n'est élevée que de 38^m,78 au-dessus du busc de l'écluse de Pont-de-l'Arche; il diminuerait le trajet à parcourir de 4 lieues sur 6. Les détails de cette tranchée ont été étudiés avec autant de zèle que de talent par M. Schwilgué.

La route basse de Rouen, qui serait traversée vis-à-vis Pont-de-l'Arche, est assez importante pour exiger un double pont tournant, afin qu'il y en ait toujours un de viable quand l'autre sera ouvert pour la navigation.

Une seule écluse à sas suffirait pour racheter la différence de niveau de l'amont à l'aval de la deuxième dérivation. L'écluse actuelle de Pont-de-l'Arche deviendrait inutile comme étant trop étroite et fondée trop haut.

Au hameau des Loges, il faudrait quitter la rive droite pour éviter le passage de la rivière d'Audelle et les coteaux escarpés contre le pied desquels la Seine s'appuie sur une assez grande longueur, tandis que la rive gauche offre une plaine fort étendue et sans obstacles.

Pour traverser la rivière au hameau des Hautes-Loges, à l'amont du confluent de la rivière d'Eure, on établirait un second barrage.

A partir de ce barrage, on ouvrirait sur la rive gauche un troisième canal de dérivation, qui s'étendrait jusqu'à Saint-Pierre du Vauvray sans aucune difficulté, et suivrait à peu près la corde du grand arc que forme le lit de la Seine dans cette partie, en sorte que le trajet de la navigation serait diminué de 3,000 mètres. Depuis Saint-Pierre du Vauvray jusqu'à l'Ormais, la rivière est rapprochée des coteaux de la rive gauche, et le prolongement de la troisième dérivation serait assez dispendieux, mais on pourrait passer sur la rive droite, qui est sans difficulté. Néanmoins, nous ne pensons pas que les dépenses à faire pour rester sur la rive gauche soient assez considérables

pour forcer à changer de rive. Depuis l'Ormais jusqu'à Thony, on continuerait à rester
sur la rive gauche, qui n'offre aucune difficulté. Depuis Thony jusqu'au Roule, la rivière est près du coteau, et la rive opposée
est sans obstacle ; néanmoins, nous pensons
que l'on pourra continuer à rester sur la
rive gauche, qui est ensuite très-facile depuis le Roule jusqu'à la Garenne. Depuis la
Garenne jusqu'au-dessus de Vernon, et
même jusqu'à Bonnières, la route basse de
Paris à Rouen est très-rapprochée du lit de
la Seine, et il s'y trouve des habitations. La
rive opposée présente aussi des difficultés
analogues, mais elles sont moins nombreuses ; toutefois, comme il existe dans
cette partie du cours de la rivière plusieurs
grandes îles faciles à réunir, on pourrait
former un bras séparé du lit principal, afin
d'éviter en grande partie les fortes indemnités que toute autre disposition entraîne-
rait. Depuis Bonnières jusqu'au-dessous de
Mousseaux, la rive gauche est sans difficulté ; mais ensuite les obstacles deviennent
plus grands, la côte est beaucoup plus es-
carpée et plus près de la rivière, et l'on

rencontre le parc de Rosny, qu'il faudrait traverser, tandis que la rive droite ne présente aucune difficulté.

Ainsi, l'on resterait sur la rive gauche depuis l'embouchure de l'Eure jusqu'au-dessous de Mousseaux, à moins que des études plus détaillées des trois parties que nous avons indiquées comme plus difficiles ne démontrent qu'il serait préférable de changer de rive une ou plusieurs fois.

La pente totale serait rachetée par six écluses à sas. La route royale de Paris à Breteuil exigerait l'établissement d'un pont tournant à Vernon ; toutes les autres communications étant peu importantes, seraient desservies par des bacs ou batelets.

On construirait un troisième barrage en aval de Mousseaux, à l'aide duquel on traverserait la rivière vis-à-vis Saint-Martin.

Depuis Saint-Martin jusqu'à Porcheville, on ouvrirait un quatrième canal de dérivation sur la rive droite. On profiterait de quelques bras de rivière formés par de grandes

4

îles, que l'on réunirait, et l'on passerait à l'entrée de Limay, afin que les deux ponts de Mantes pussent rester entièrement libres pour l'écoulement des grandes eaux. Une écluse à sas suffirait pour racheter la pente.

La route royale de Paris à Cherbourg qui serait coupée par la quatrième dérivation, est assez importante pour que la viabilité doive rester sans interruption ; à cet effet on construirait à Limay deux ponts tournans.

A Porcheville, on quitterait la rive droite qui devient élevée et difficile, et l'on traverserait la rivière au moyen d'un quatrième barrage en aval duquel on dirigerait le confluent de la Mauldre pour conserver à cette rivière un libre écoulement.

On ouvrirait sur la rive gauche un cinquième canal de dérivation que l'on prolongerait jusqu'à Maisons, à moins qu'une étude comparative ne fasse connaître qu'il serait préférable d'ouvrir une dérivation de plus dans la plaine de Triel; cependant comme on pourrait profiter des îles et de la grande longueur de la rivière devant Poissy pour former un bras séparé qui éviterait de trop fortes indemnités, nous croyons qu'il y aurait plus d'avantage à rester sur la rive gauche.

Il faudrait, dans tous les cas, trois écluses à sas, pour racheter la pente. La route départementale qui passe à Meulan serait coupée, et un pont tournant suffirait pour maintenir cette communication. La route royale de Paris à Cherbourg serait traversée à Poissy, et deux ponts tournans seraient nécessaires pour que la viabilité ne fût jamais interrompue.

Un cinquième barrage placé en aval du pont de Maisons servirait à passer sur la rive droite, la rive opposée devenant impraticable.

Un sixième canal de dérivation serait ouvert en tranchée à travers la plaine, et dirigé vers l'aval du pont de Bezons; il éviterait la

4*

grande sinuosité que fait la rivière par le
Pecq et abrégerait de 13,377 mètres le projet
actuel de la navigation. La tranchée serait peu
profonde et n'excéderait pas 24 mètres au
point culminant. Les études détaillées de
cette coupure sont dues au zèle et au talent
de M. l'ingénieur en chef Dastier.

Deux écluses à sas suffiraient pour racheter la pente de l'amont à l'aval, et il
suffirait d'un seul pont tournant pour maintenir la communication de Bezons à Maisons qui serait traversée par cette sixième
dérivation.

En aval du pont de Bezons on construirait un sixième barrage, et on traverserait
la rivière pour passer sur la rive gauche afin
d'éviter Argenteuil, le Croult et les coteaux
escarpés qui s'étendent jusqu'au-dessus de
Saint-Ouen.

Nous ferons observer ici que s'il importe
de prolonger la navigation maritime jusque sous les murs de Paris où l'on trouve en
même temps un grand foyer de consomma-

tions et de productions industrielles, on ne doit pas négliger les moyens d'assurer aux marchandises en transit le trajet le plus court et le plus économique. Sous ce rapport nous croyons qu'il serait avantageux de diriger ces marchandises par les canaux de Saint-Denis et Saint-Martin pour leur éviter le grand contour de la Seine par Sèvres, et les embarras de la rivière dans l'intérieur de Paris: à cet effet, il serait très-facile de disposer les bassins nécessaires dans la plaine de Genevilliers, et de les mettre en communication par une branche navigable avec le canal Saint-Denis.

Un septième canal de dérivation serait ouvert sur la rive gauche en partant de l'aval du pont de Bezons; il passerait entre Anières et le coteau, et se prolongerait jusqu'à Courbevoye où les obstacles s'opposent à ce que l'on suive plus long-temps la rive gauche.

Une seule écluse à sas suffirait pour racheter la pente; un pont tournant maintiendrait la communication de la route de

Paris à Bezons. Des bacs suffiraient sur les autres points où l'on voudrait établir des passages.

Un septième barrage placé en aval du pont de Neuilly servirait à passer sur la rive droite en amont du parc de S. A. R. Monseigneur le duc d'Orléans, de sorte que les eaux lixivielles de Neuilly conserveraient un libre écoulement.

Nous ferons observer que si l'on voulait établir des docks dans la plaine de Clichy, qui touche au nord de Paris, où l'on fait aujourd'hui tant de nouvelles constructions, il suffirait de placer un barrage à Anières pour pouvoir traverser la rivière et passer sur la rive droite.

Un huitième canal de dérivation serait ouvert depuis Neuilly jusqu'au-dessous du Point-du-Jour en amont de l'île Grouin, où il faudrait de nouveau changer de rive.

Une seule écluse à sas suffirait pour racheter la pente. Il faudrait à Neuilly deux ponts tournans pour que la viabilité de la route royale de Paris à Cherbourg soit maintenue sans interruption, condition qu'il faudrait également remplir à Saint-Cloud et à Sèvres.

Un huitième barrage serait construit en tête de l'île Grouin où il faudrait traverser la rivière une dernière fois pour quitter la rive droite où l'on manque d'emplacement pour former de grandes constructions. Les eaux relevées dans la traversée de Paris recouvriraient en été tous les bords de la rivière qui restent à sec et s'imprègnant d'immondices, présentent l'aspect le plus hideux et deviennent même un grand foyer d'infection. On pourrait toujours procéder aussi facilement qu'on peut le faire aujourd'hui dans l'intérieur de Paris à l'exécution de tous les travaux de curage, de réparation ou de construction qui seraient jugés nécessaires, puisqu'en ouvrant les pertuis du barrage on rétablirait à volonté la rivière dans son état naturel; il suffirait de combiner ces manœuvres de manière que les mouvemens de la navigation n'en fussent pas gênés.

Un neuvième et dernier canal de dérivation communiquerait enfin à tous les établissemens militaires ou commerciaux que l'on voudrait créer, soit dans la plaine de Grenelle, soit même au Gros-Caillou.

Une écluse construite à l'extrémité inférieure de cette dernière dérivation, n'aurait pas pour objet de racheter une pente (1), mais elle servirait à conserver les navires à flot lorsque l'on voudrait ouvrir les pertuis du barrage pour laisser à la rivière un libre cours. Une écluse de garde avec des portes contre-busquées à la tête d'amont remplirait le même but et servirait en même temps d'écluse de prise d'eau pour renouveler l'eau et entretenir la salubrité dans les docks. C'est encore par cette écluse que les bateaux plats pourraient venir dans les bassins opérer leur déchargement et leur rechargement.

---

(1) La pente totale depuis le zéro de l'échelle du pont. de la Tournelle à Paris, jusqu'au niveau de la haute mer de vive eau, du 9 août 1823, pris au Havre, a été trouvée de 22^m,113.

Le tracé que nous venons d'indiquer réduirait à 43 lieues de poste le trajet que la
navigation aurait à parcourir entre Paris et
Rouen, qui est aujourd'hui de 60 lieues.

ÉVALUATION DES DÉPENSES.

Nous allons maintenant donner les résultats du calcul des dépenses, en séparant
l'évaluation des travaux à faire entre le Havre et Rouen, de celle qui est relative aux
ouvrages à exécuter entre Rouen et Paris.

L'exécution d'un canal latéral sur la rive
droite de la Seine, depuis le Havre jusqu'à
Villequier, comme l'ont proposé MM. Lamblardie et de Chaubry, et que nous croyons
indispensable de faire remonter jusqu'à
Gauville, au-dessus de Caudebec, afin de
dépasser tous les obstacles que l'on rencontre dans le lit naturel de la rivière, nous
paraît être, ainsi que nous l'avons déjà indi-
qué, le moyen le plus sûr pour créer une
navigation maritime à grand tirant d'eau.

Nous avons déjà dit qu'un canal sur la rive

gauche serait moins coûteux que celui qui suivrait la rive droite; mais comme ce dernier aboutirait dans le port du Havre où il y a d'immenses établissemens tout formés qui seraient à créer sur la rive gauche, on doit faire entrer dans la balance des avantages et des inconvéniens attachés à chacune des deux rives, les frais de ces établissemens qui compenseraient et bien au-delà l'excédent de dépense à faire pour ouvrir le canal sur la rive droite. A l'ouverture de ce canal nous ajoutons l'exécution d'une coupure à Yainville, pour éviter le grand contour de Jumièges, et surtout les retards que la navigation éprouve souvent pour dépasser ce que les marins appellent *le Bout du vent*.

Tous ces travaux sont évalués ensemble, ci . . . . 65,000,000 fr.

Entre Rouen et Paris les canaux de dérivation de 20 mètres de largeur au plafond avec des talus de 2 de base pour 1 de hauteur, et tous les ouvrages d'art sont évalués, ci 135,000,000

TOTAL GÉNÉRAL. . . . . 200,000,000 fr.

Le total général des dépenses que nous

indiquons en bloc n'est pas le résultat d'un aperçu peu réfléchi : nous ne l'avons obtenu qu'à l'aide d'estimations raisonnées de toutes les parties d'ouvrages, mais nous avons pensé qu'il serait inutile de présenter à la plupart des lecteurs une série de calculs qui ne peuvent être appréciés que par les constructeurs.

Dans cette masse de dépense, les travaux d'art entrent à peu près pour un quart, et les indemnités de terrain pour un quatorzième. Nos évaluations sont faites de bonne foi, et sans que nous ayons cherché ni à atténuer ni à exagérer les dépenses, tellement que si l'on donnait suite à nos idées, nous sommes persuadés que le montant réel des dépenses différerait peu des résultats ci-dessus. Nous croyons utile de faire remarquer que dans un monument d'art d'une aussi grande importance il faut que tous les ouvrages, quoique sans luxe, soient construits avec une telle solidité, qu'ils puissent résister efficacement aux dégradations et aux avaries auxquelles ils seraient sans cesse exposés.

VOIES ET MOYENS.

Il nous resterait à examiner quels seraient les voies et moyens capables de couvrir une dépense aussi considérable que celle à laquelle pourrait s'élever l'exécution du projet que nous venons d'analyser ; mais c'est au gouvernement ou aux compagnies qu'il appartient d'apprécier l'étendue des ressources dont on pourrait disposer.

En renonçant à une aussi grande navigation pour se contenter d'un moindre tirant d'eau, tout en suivant le même système et le même tracé, les ouvrages seraient moins coûteux, et d'une exécution plus facile ; néanmoins nous avons reconnu que les produits à espérer, calculés sur l'état actuel des mouvemens du commerce, ne seraient pas encore en rapport avec la masse des dépenses à faire, et ce n'est qu'en entrant dans les prévisions de l'avenir que l'on peut trouver des ressources suffisantes pour servir l'intérêt des capitaux, pourvoir à l'amor-

tissement et obtenir un dividende de béné-
fice. A la vérité, on ne peut disconvenir que
de l'établissement d'une grande navigation
maritime jusques à Paris, et de l'exécution
des canaux déjà entrepris ou projetés, il ne
doive résulter un grand accroissement de
circulation et de prospérité, et que la situa-
tion générale du commerce de la France
s'améliorant en même temps que l'on crée-
rait à Paris un grand entrepôt, il n'en dût
résulter de grands changemens dans les
produits; mais si l'on voulait rester dans
les limites d'un calcul qui ne reposerait
que sur les mouvemens actuels du commerce, il ne faudrait pas dépenser plus
de 25 à 30 millions, et conséquemment on
devrait se borner simplement à améliorer la
navigation actuelle en restant toujours en
lit de la rivière. C'est, comme nous l'avons
déjà dit, ce qui nous avoit déterminé à res-
treindre le cercle de nos premières études,
et il ne fallait rien moins que le désir de sa-
tisfaire à une des hautes pensées de Sa Majesté, pour nous soutenir dans le travail auquel nous nous sommes livrés.

En effet, des considérations d'un ordre
supérieur., une haute confiance dans la
prospérité publique, une heureuse prévision de l'accroissement des opérations commerciales et maritimes peuvent déterminer
le gouvernement ou des compagnies, à en-
treprendre l'exécution d'un projet dont la
dépense ne paraît hors de proportion avec
les produits qu'aux personnes qui ne pré-
jugent pas assez favorablement de l'avenir.

Au surplus on trouvera, dans un Appen-
dice à la fin de ce Mémoire, les documens
statistiques que nous avons recueillis sur
l'état actuel des mouvemens du commerce,
sur les frais de transport, etc. Nous y ajou-
terons quelques calculs et quelques ré-
flexions sur les produits à espérer dans les
divers systèmes de navigation que nous
avons étudiés.

CONCLUSION.

Un canal établi sur la rive droite de la Seine ayant sa tête d'amont au-dessus de Caudebec et débouchant dans les bassins du Havre, nous paraît être le plus sûr moyen d'éviter les difficultés et les dangers de l'embouchure de cette rivière : la navigation resterait ensuite dans le lit naturel du fleuve jusqu'à Rouen, sauf le contour de Jumièges que l'on éviterait au moyen d'une coupure facile à ouvrir entre Yainville et Saint-Paul près Duclair. Le trajet à parcourir du Havre à Rouen serait réduit à vingt-neuf lieues de poste, dont treize en lit de rivière.

Entre Rouen et Paris, des barrages convenablement disposés, dont le dessus du radier serait à 3 mètres au-dessous de l'étiage et qui relèveraient le niveau des basses eaux de 3 mètres, rendraient la traversée de la Seine praticable avec un tirant d'eau de 18 pieds et permettraient d'ouvrir des canaux partiels

alternativement sur celle des deux rives qui
offrirait le plus de facilités d'exécution ; on
éviterait, par cette disposition, les travaux
difficiles et dispendieux que les affluens,
les villes et les coteaux escarpés occasio-
neraient sur beaucoup de points, si l'on
suivait toujours une même rive; on réduirait à quarante-trois lieues de poste le trajet
à parcourir, et l'on n'aurait pas à payer des
indemnités énormes pour toutes les propriétés bâties qu'il faudrait détruire, si l'on n'a-
vait pas le moyen de les éviter. La navigation naturelle serait maintenue, améliorée
même et mise partout en communication
avec celle qui serait créée; les intérêts actuels ne seraient point sacrifiés; la ville de
Rouen perdrait sans doute une partie des
droits de commission, mais aussi les plus
gros bâtimens de mer pourraient entrer
dans son port qui ne peut recevoir aujour-
d'hui que des navires d'un petit tonnage; le
port du Havre serait la clef de la grande
navigation maritime que nous proposons
d'établir, et les vastes bassins qui viennent
d'être achevés offriraient toujours un abri
sûr et commode à tous les navires qu'on vou-

drait y faire stationner soit à leur arrivée soit
à leur départ.

La capitale ne serait plus qu'à soixante-
douze lieues de la mer, et la navigation pourrait successivement jouir de chaque dérivation partielle dès qu'elle serait exécutée; de
sorte que les produits qui naîtraient ainsi à
mesure de l'achèvement des travaux, rendraient les avances de fonds aussi peu oné-
reuses que possible.

Toutefois nous devons encore répéter que,
dans l'état actuel des mouvemens du commerce, on ne trouverait pas assez de ressources pour dédommager des frais d'un
projet aussi vaste; et que, si loin de se contenter de l'espoir de bénéfices fondés sur
des prospérités nouvelles, on voulait se borner à des spéculations basées sur les produits certains que l'on pourrait obtenir dans
l'état présent des affaires, il faudrait se res-
treindre au simple perfectionnement de la
navigation actuelle, et rester toujours en lit
de rivière.

5

Il ne faudrait pas croire d'ailleurs que l'exécution des travaux à faire pour créer un grand port maritime à Paris, fussent sans difficultés ; on doit même s'attendre à en rencontrer beaucoup ; néanmoins nous croyons que les ouvrages dont nous venons d'indiquer les dispositions et les détails, ne sortent pas de la classe de ceux que l'expérience a démontré praticables ; en sorte que s'ils étaient confiés à des mains exercées dans l'art des grandes constructions hydrauliques, leur succès ne serait sûrement pas douteux.

Guidés par l'amour du bien public et ne recherchant que la vérité, nous espérons que ces premières vues pourront donner lieu à des objections qui auraient pu nous échapper, ou à des perfectionnemens que nous désirons vivement dans l'intérêt général ; nous livrons donc nos idées aux méditations d'hommes plus habiles que nous et surtout plus familiarisés avec les hautes questions d'économie politique : si toutefois on veut prendre en considération et bien peser tout ce que l'établissement d'une na-

vigation à grand tirant d'eau qui ouvrirait à
Paris des communications commerciales
directes avec le monde entier, et qui por-
terait la marine jusqu'au cœur de l'État, pro-
duirait de prospérités nouvelles, et jetterait
d'illustration sur le règne du Prince auquel
on devrait une aussi grande création ; il sera
facile de reconnaître que jamais il n'y eut
une époque plus favorable pour réaliser une
aussi vaste entreprise, puisque la France
jouit d'une paix profonde sous un Roi qui
met toute sa gloire à accroître le bonheur
de ses peuples.

Dans de pareilles circonstances, nous
croyons inutile de chercher à justifier le prix
que nous attachons à présenter le premier
un projet qui touche aux plus grands intérêts, et dont l'objet est de nature à exciter
si vivement l'attention publique : nous espérons qu'on voudra bien accueillir avec quelqu'indulgence un travail que nous serons
heureux d'avoir publié s'il obtient le suffrage
des hommes éclairés. C'est le fruit de longues études et des méditations auxquelles

nous nous sommes livrés pour répondre à la confiance de l'administration. Puisse le zèle qui nous a portés à dépasser en quelque sorte les limites qui nous étaient assignées, n'avoir pas été entièrement stérile, et avoir produit des résultats que le gouvernement et les amis du bien public trouvent de quelque utilité.

APPENDICE.

DOCUMENS STATISTIQUES.

Les documens statistiques que l'on peut recueillir sont généralement peu concordans; leur divergence provient des différentes sources où on les puise; toutefois, nous croyons que l'on peut admettre avec quelque confiance les résultats de nos recherches.

MOUVEMENT DES MARCHANDISES PAR TERRE ET PAR EAU.

Il arrive annuellement, tant à Rouen qu'au Havre, plus de 7,000 navires du port moyen de 60 à 70 tonneaux, dont 1,000 entrent sur leur lest; il en sort à peu près autant, dont 3,000 sur leur lest : d'où il suit que la masse totale du tonnage des navires est de plus de 840,000 tonneaux : la masse des marchandises importées dans ces deux ports doit excéder 360,000 tonn.

Et celle des marchandises exportées 240,000

En 1822, il n'est entré à Rouen qu'un seul bâtiment de 225 tonneaux; toute la masse des transports se fait avec des navires de 50 à 100 tonneaux.

6

La masse des marchandises apportées en 1824 dans le port de Rouen par les 3,500 navires qui y sont entrés , a été de. . . . . 210,543 tonn.

Il arrive chaque année du Havre à Rouen 5,000 voitures moyennement attelées de quatre chevaux , et portant 3,600 kilogrammes, ce qui fait une masse totale de. . . . . 18,000 tonn.

Le tiers des voitures a sa destination pour Rouen, et les deux autres tiers pour Paris.

Il part de Rouen pour Paris par le roulage, année moyenne, tant par la route haute que par la route basse. . . . . 40,000 tonn.

Il part de Rouen pour Paris par la rivière, année moyenne. . . . . 160,000 tonn.

Il arrive de l'Oise annuellement. . . 60,000 tonn.

Il arrive à Paris aux ports Saint-Nicolas et d'Orsay, année moyenne. . . . . 160,000 tonn.

Par le bassin de la Villette. 35,000

Par Courbevoye et Puteaux. 25,000

Par le roulage. 40,000

TOTAL. . . . . 260,000 tonn.

Les alléges du Havre et d'Honfleur, en 1824 , ont recueilli des bâtimens français et étrangers venant de divers ports , 46,602 tonneaux de marchandises , et les ont apportés à Rouen.

TONNAGE ET PRIX DES NAVIRES ET DES BATEAUX.

Un allége de 60 à 80 tonneaux peut coûter à établir 15,000 fr. ; l'équipage se compose : d'un capitaine à 100 fr. par mois, de deux ou trois matelots à 40 fr., et d'un mousse à 12 ou 15 fr. ; la nourriture coûte en outre 1 fr. 25 c. par homme et par jour ; les frais de pilotage sont de 60 a 70 fr. par voyage d'aller et retour ; l'assurance à l'année est de 6 à 7 pour cent ; les droits de navigation, d'attache, d'octroi et de hallage sont d'environ 30 fr. par voyage ; chaque allége fait neuf à dix voyages par an : il y a environ cent bâtimens de cette espèce.

Le tonnage des bâtimens avec un même tirant d'eau varie selon leurs formes et dimensions, et les navires les plus forts que puisse comporter un tirant d'eau de neuf à dix pieds, comme celui que l'on trouve en vive eau à l'embouchure de la Seine, sont de 2 à 300 tonneaux ; ces forts navires exigent un équipage de sept à huit hommes, et coûtent 50 à 60,000 fr.

Un grand bateau coûte 18,000 fr., et il faut en outre pour 6,000 fr. d'agrès ; ceux de moyenne grandeur ne coûtent que 14,000 fr., et les agrès ne reviennent qu'à 4,000 fr. : il suffit d'un tirant d'eau de deux mètres pour naviguer à pleine charge.

L'équipage d'un grand bateau de rivière se compose maintenant, d'un contre-maître, d'un pilote, de quatre mariniers, et d'un ou deux garçons. Le contre-maître est payé moyennement 120 fr. par voyage d'aller

6*

et retour, le pilote 75 fr., chaque marinier 60 fr.; les garçons sont payés 30 fr. par mois, parce qu'ils gardent et soignent le bateau.

TIRANT D'EAU ENTRE PARIS ET ROUEN.

En 1822, il n'y a pas eu dans la rivière entre Paris et Rouen un tirant d'eau d'un mètre pendant 95 jours; le tirant d'eau a été entre 1 mètre, 1^m,50 et 2 mètres pendant 76 jours, et au-dessus de 2 mètres pendant 91 jours.

D'après le relevé fait au bureau de Pont-de-l'Arche, le nombre des bateaux qui ont navigué sur la Seine en 1822, a été de. 233

Ce nombre se divise comme il suit :

14, au-dessous de 22 mètres de longueur, sont moyennement de 80 tonneaux chacun et ensemble de. . . . 1,120 tonn.

5, de 22 à 28^m *idem*, de 120 tonneaux, et ensemble. 600

19, de 28 à 30^m *idem*, 180 tonn. *idem*. 3,420

24, de 30 à 36^m *idem*, 200 tonn. *idem*. 4,800

87, de 36 à 42^m *idem*, 250 tonn. *idem*. 21,750

82, de 42 à 48^m *idem*, 300 tonn. *idem*. 24,600

2, de 48^m . . . *idem*, 400 tonn. *idem*. 800

233 bat. form. ensemble un total de. . . 57,090 tonn.

Le gouvernail ajoute encore 7 à 8 mètres à la longueur des bateaux, dont la largeur varie entre 18 et 29 pieds.

Le relevé, fait au même bureau de Pont-de-l'Arche, donne pour le nombre de bateaux qui y sont

passés en 1822. . . . $\left\{\begin{matrix} \text{en montant.} & . & 690 \\ \text{en descendant.} & 685 \end{matrix}\right\}$ 1,375.

Il suit de ce qui précède que le terme moyen est de 250 tonneaux pour chaque bateau, qui fait à peu près trois voyages par an , et que la masse des marchandises transportées en remontant , est d'environ 171,270 tonneaux ; nous avons porté plus haut 160,000 tonneaux.

Les droits de navigation perçus en 1822 au bureau de Pont - de - l'Arche , ont été pour les bateaux $\left\{\begin{matrix} \text{remontant de 55,681 f. 76 c.} \\ \text{descendant de 32,086 \quad 00} \end{matrix}\right\}$ 87,767 fr. 76 c.

Ainsi la masse de marchandises qui descend la Seine est environ la moitié de celle qui remonte.

HALLAGE.

Les bâtimens de mer de 200 tonneaux , qui sont hallés par des chevaux entre Rouen et la Mailleraye , emploient ordinairement huit chevaux ; ceux de 150 tonneaux en exigent 6 ou moyennement un cheval par 25 tonneaux, et le prix moyen est de 1 fr. par lieue et par cheval, mais il est très-variable en raison des circonstances et de la concurrence plus ou moins grande.

En montant au hallage de Rouen à Paris, travail très-pénible et souvent périlleux pour les chevaux, on emploie à peu près un cheval par 40 tonneaux, et le prix moyen est de 1fr. 60 cent. par cheval et par lieue (1).

_____

(1) On emploie par bateau de 150 tonneaux , sur le canal de la

FRAIS ET DURÉE DES TRANSPORTS.

Du Havre à Rouen en suivant la rivière, il y a trente et une lieues, et le transport par la navigation maritime ordinaire coûte 12 fr. du tonneau, la durée moyenne du trajet est de six jours.

Il coûte 2,500 fr., pour faire monter de Rouen à Paris, un bateau portant moyennement 250 tonneaux; et 350 fr. pour le faire descendre de Paris à Rouen; il faut moyennement quinze jours pour faire le trajet de Rouen à Paris, qui est de 60 lieues, et neuf jours, pour descendre de Paris à Rouen.

L'assurance du Havre à Rouen, est de demi pour cent; celle de Rouen à Paris se ferait aisément à un quart pour cent, mais on assure rarement.

La valeur moyenne du tonneau de marchandises importées et exportées depuis neuf ans est de 750 fr.

Le prix d'embarquement et de débarquement est moyennement de 2 fr. par tonneau.

Les commissions de passage varient d'un quart à un demi pour cent, selon la valeur et l'importance des marchandises.

Sensée, deux chevaux parcourant 25,000 mètres par jour et payés ensemble moyennement 6 fr. conducteur compris. (Notice publiée par M. Sartoris, sur le canal de la Vesle , page 5.)

D'après les expériences faites par M. Dastier, sur le canal Saint-Denis , la marche des bateaux est de quatre mille mètres par heure, vitesse beaucoup plus grande que celle des bateaux qui parcourent le canal de la Sensée.

Les frais de brouettier pour réclamation et transport en magasin et arrimage, ou pour retirer du magasin et pour le transport à bord, sont de 3 fr. par tonneau; aussi beaucoup de marchandises restent exposées aux intempéries et au coulage sur les quais de Rouen, afin d'éviter les frais qu'il faudrait faire pour les emmagasiner.

TABLEAU des prix moyens, des transports actuels par tonneau en remontant.

DU HAVRE A ROUEN.		DE ROUEN A PARIS.	
Par			Par
Allèges.	12 fr.	. . . . 16 fr.	Bateaux ordinaires
»	»	 22	Bateaux accélérés ou coches.
Bateaux à vapeur.	18	 25	Bateaux à vapeur.
Roulage ordinaire.	40	 40	Roulage ordinaire.
Roulage accéléré.	»	 60	*Id.* accéléré.

Le prix moyen du fret en descendant de Paris à Rouen par les bateaux de la Seine, est de 8 fr. par tonneau; de Rouen au Havre, le prix est à peu près le même que du Havre à Rouen.

CALCUL DU PRIX DES TRANSPORTS DANS PLUSIEURS HYPOTHÈSES.

D'après les données qui précèdent, nous allons présenter quelques-uns des calculs que l'on pourrait faire sur le prix des transports, dans trois hypothèses différentes.

1° En supposant que l'on se contentât d'améliorer la navigation actuelle à l'embouchure de la Seine, par un plus grand nombre de Posées, par un balisage mieux entendu, par un pilotage moins abusif, et qu'on procurât aux bateaux qui remontent de Rouen à Paris un tirant d'eau de 2 mètres au moins, lors même des plus basses eaux.

2° En admettant les mêmes améliorations que ci-dessus à l'embouchure de la Seine, et en portant à 3 mètres le minimum du tirant d'eau en été entre Rouen et Paris.

3° En établissant un grand canal maritime entre le Havre et Paris.

DANS LE PREMIER CAS, la navigation entre le Havre et Rouen serait plus facile et moins périlleuse qu'elle ne l'est aujourd'hui, mais nous ne pensons pas que l'on doive s'attendre à réaliser de grands produits par suite de l'amélioration que le commerce obtiendrait dans cette partie. Nous nous bornerons à calculer les frais qu'il en coûterait pour le transport des marchandises entre Rouen et Paris, si au moyen de barrages les bateaux pouvaient toujours naviguer à pleine charge, et si la vitesse du courant était réduite à $0^m,25$ par seconde : un cheval alors pourrait tirer 60 tonneaux et faire au moins 6 lieues par jour; les difficultés que la navigation éprouve maintenant n'ayant plus lieu, il suffirait d'un équipage moins nombreux; et celui d'un bateau de 300 tonneaux pourrait se réduire à un patron, un marinier et un mousse; les agrès nécessaires seraient également diminués, et chaque bateau pourrait aisément faire douze voyages par an.

Portons le prix d'un bateau de 300 tonneaux et de ses agrès, à 20,000 fr. et comptons le cinquième

de cette somme par an pour dépérissement, avaries,
entretien, etc. . . . . 4,000 fr.

La navigation étant moins pénible, on
doit supposer que les salaires et les frais de
nourriture seront moindres que dans l'état
actuel des choses : portons cette dépense au
prix moyen de 1,000 fr. par an pour chaque
homme et pour les trois ensemble. 3,000

Total par an. . . . . 7,000 fr.

Cette somme répartie sur douze voyages que fera le
bateau, donnera, pour aller et retour, 583 fr. 33 c.
à répartir sur 450 tonneaux, si nous admettons qu'un
bateau chargé de 300 tonneaux de marchandises en
remontant ne trouve que moitié charge au retour;
ainsi les frais de bateau et d'équipage seront, par tonneau, de. . . . . 1 f. 30 c.

Le hallage s'opèrera par sept chevaux
en remontant, lesquels à 1 fr. 60 c. par
lieue, coûteront, pour 60 lieues. . 672 fr.

Il suffira de trois chevaux en
descendant, lesquels au même
prix, ci 288

Total. . . . . 960 fr.

Cette somme répartie sur les 450 tonneaux transportés, donne, par tonneau,
pour frais de hallage . . . . ! 2 13

Frais de débarquement et de rembarque-
ment à Rouen, par tonneau. 2

5 fr. 43 c.

D'autre part. . . . . 5 f. 43 c.

Prix moyen du transport par tonneau,
entre Rouen et Paris, *en faisant usage*
des bateaux actuels, ci. . . . . 5 f. 43 c.

DANS LE SECOND CAS les navires qui arrivent à Rouen
pourraient remonter jusqu'à Paris en suivant le lit de
la rivière où ils trouveraient 3 mètres de tirant d'eau
en été, au moyen de barrages qui réduiraient la vitesse
du courant à $0^m,20$ par seconde : prenons pour exemple un navire de 200 tonneaux qui pourrait aisément
faire quatorze voyages par an, entre Paris et Rouen,
aller et retour.

Le bâtiment de 200 tonneaux coûte tout armé,
60,000 fr.; comptons le cinquième de cette somme par an
pour dépérissement du navire, avaries, entretien, etc.,
il en coûtera par voyage, 857 fr. 14 c. ; et comme le
navire est supposé descendre avec moitié charge, di-
visant cette somme par 300 tonneaux, ce sera, par
tonneau, ci. . . . . 2 f. 86 c.

Admettons un équipage composé de huit
hommes payés ensemble par an, compris
nourriture, 8000 fr.; il en coûtera, par
voyage, pour 300 tonneaux, 571 fr. 43 c.
et par tonneau. 1 90

Le hallage d'un navire avec charge en-
tière de 200 tonneaux, exigerait cinq chevaux en remontant de Rouen à Paris, et
deux seulement en descendant avec moitié
charge : les sept chevaux à 1 fr. 60 c. par

4 fr. 76 c.

D'autre part.. . . . .   4 f. 76 c.

lieue, coûteront pour 6o lieues, 672 fr.,

ce qui fait, par tonneau.   2   24

Prix moyen du transport par tonneau,
entre Rouen et Paris, *en se servant des*
navires qui s'arrétent actuellement à Rouen.   7 f. oo c.

Dans le troisième cas où les grands bâtimens de
mer pourraient remonter jusqu'à Paris, nous allons
également calculer ce qu'il en coûterait pour le transport des marchandises.

La longueur du trajet à parcourir du Havre à Paris
serait réduite à 72 lieues de poste, elle pourrait être
parcourue aisément en douze jours, au moyen du hallage, et l'on pourrait même aller moitié plus vite en or-
ganisant un système de remorquage approprié à ce but.

Admettons des bâtimens d'une capacité moyenne
de 4oo tonneaux dont le prix d'achat et les frais d'é-
quipage soient doubles de ceux qui sont comptés pour
des bâtimens de 2oo tonneaux.

La vitesse de l'eau étant nulle dans un grand canal
maritime, huit chevaux suffiront en montant avec un
chargement complet, et quatre chevaux pour descendre avec moitié charge.

Douze chevaux de hallage à 1 fr. 6o c. par cheval et par
lieue, coûteront ensemble, pour 72 lieues. 1382 f. 4o c.

Il en coûterait par an, 16,ooo fr. pour
salaire et nourriture de seize hommes d'é-
quipage; et comme le navire pourrait faire

D'autre part. . . . . 1382 f. 40 c.

aisément dix voyages chaque année, ce
serait, par voyage, ci. 1600

Le prix du bâtiment tout armé et équi-
pé serait de 120,000 fr., comptant le cinquième de cette somme par an pour dépérissement, avaries, entretien, etc., ce
serait par voyage 2400

Total, pour un voyage. . . . . . . 5382 f. 40 c.

Le navire de 400 tonneaux supposé monter à pleine
charge et retourner avec moitié chargement, transporte-
rait 600 tonneaux de marchandises par voyage, ce qui ferait revenir le prix du transport d'un tonneau entre Paris
et le Havre, comme entre le Havre et Paris, *en se servant
de grands bâtimens de mer,* à . . . . 8 f. 97 c.

APPLICATION DES PRIX AUX TRANSPORTS DES MARCHANDISES.

Si nous appliquons comparativement les prix courans actuels et ceux que nous venons de trouver, aux
quantités de marchandises qui sont à transporter aujourd'hui dans l'état actuel des affaires commerciales,
nous obtiendrons les résultats suivans :

1° 160,000 tonneaux qui remontent annuellement de Rouen à Paris
au prix actuel de 16 francs,
coûtent. . . . . 2,560,000 fr.

80,000 tonneaux qui descendent à
8 francs. 640,000

240,000 tonn. Dépense actuelle. . 3,200,000 fr.

D'autre part. . . . . 3,200,000 fr.

Lorsque les bateaux pourraient en été naviguer à pleine charge comme en hiver, les transports des 240,000 tonneaux de marchandises ci-dessus, au prix moyen de 5 fr. 43 que nous avons trouvé, coûteraient. 1,303,200

L'économie annuelle serait de. . . . 1,896,800 fr.

2° Si les navires qui arrivent à Rouen pouvaient remonter jusqu'à Paris, et qu'ils y apportassent la totalité des marchandises qui remontent actuellement par la Seine, on aurait :

240,000 tonneaux au prix moyen de 7 fr., coûteraient. . . . . 1,680,000 fr.

Nous avons vu qu'il en coûte aux prix actuels du commerce. . . . 3,200,000 fr.

L'économie serait de. 1,520,000

3,200,000 fr.

3° En admettant l'exécution d'un grand canal maritime du Havre à Paris, les 240,000 tonneaux de marchandises ci-dessus au prix moyen de 8 fr. 97 c. que nous avons trouvé, coûteraient. . . . . . . 2,152,800 fr.

Il en coûte actuellement ce qui suit :

Assurance du Havre à Rouen 1/2 pour o/o sur le prix moyen   f. c.
de 750 fr. le tonneau, ci. 3,75

D'autre part.	3ᶠ,75ᶜ.	2,152,800 fr.
Déchargement et rechargement à Rouen, par tonneau. . .	2,00	
Frais de commission à Rouen 1/4 pʳ. o/o.	1,87	
Frais de brouettier, de magasin et autres.	3,00	
	10,62	
Transport du Havre à Rouen.	12,00	
id. de Rouen à Paris. .	16,00	
Prix du tonneau en montant.	38,62	

En descendant, le prix de Paris à Rouen étant réduit à moitié il en coûterait. 30,62

160,000 tonneaux à remonter du Havre à Paris, à 38 fr. 62 c., coûtent maintenant . . . . 6,179,200 fr.
80,000 tonneaux à descendre de Paris au Havre, à 30 fr. 62 c. coûtent. . . . 2,449,600

L'économie serait de		6,476,000
	8,628,800....	8,628,800 fr.

Les calculs que nous venons de présenter n'ont pour but que de donner une idée de ceux que chacun pourra faire selon ses vues. Nous n'avons pas fait entrer en compte les marchandises qui viennent de l'Oise, ni les diminutions d'intérêts sur les capitaux par suite de la plus grande célérité des transports, ni les avantages qui naîtraient de la certitude d'arriver à jour fixe, ni les faux frais et surtout les déchets qui sont inséparables du transbordement des marchandises : si l'on suppose que le mouvement commercial reçoive un grand accroissement de l'ouverture des divers canaux en construction ou projetés, et que l'établissement d'un entrepôt à Paris crée encore de nouveaux produits, pour peu d'ailleurs que le gouvernement et la ville de Paris contribuent aux dépenses en raison des intérêts généraux et locaux, on concevra que des compagnies puissent trouver des chances de succès assez assurées pour ne pas craindre de consacrer leurs capitaux à l'exécution de cette grande entreprise, toute gigantesque qu'elle puisse paraître.

Au surplus, nous n'entendons rien affirmer à cet égard : nous devons répéter ici que c'est au gouvernement ou aux compagnies, qu'il appartient de discerner les avantages ou les inconvéniens d'une navigation de cette importance, et que nous avons eu pour but principal d'indiquer les ressources que l'art de l'ingénieur peut offrir pour créer une grande navigation maritime entre le Havre et Paris, en ne dissimulant pas d'ailleurs que les ouvrages dont nous croyons l'exécution possible sont de nature à présenter de grandes difficultés que l'on éviterait en partie, si l'on se bornait à canaliser la Seine, comme nous l'avions projeté d'abord.

TABLE DES MATIÈRES.

ERRATA.

Page 36, 16ᵉ ligne; *ténuité*, lisez ténacité.
    47, 1ʳᵉ ligne; *audelle*, lisez Andelle.
    51, 3ᵉ ligne; *longueur*, lisez largeur.
    52, 2ᵉ ligne; *projet*, lisez trajet.
    61, 19ᵉ ligne; *de la rivière*, lisez de rivière.

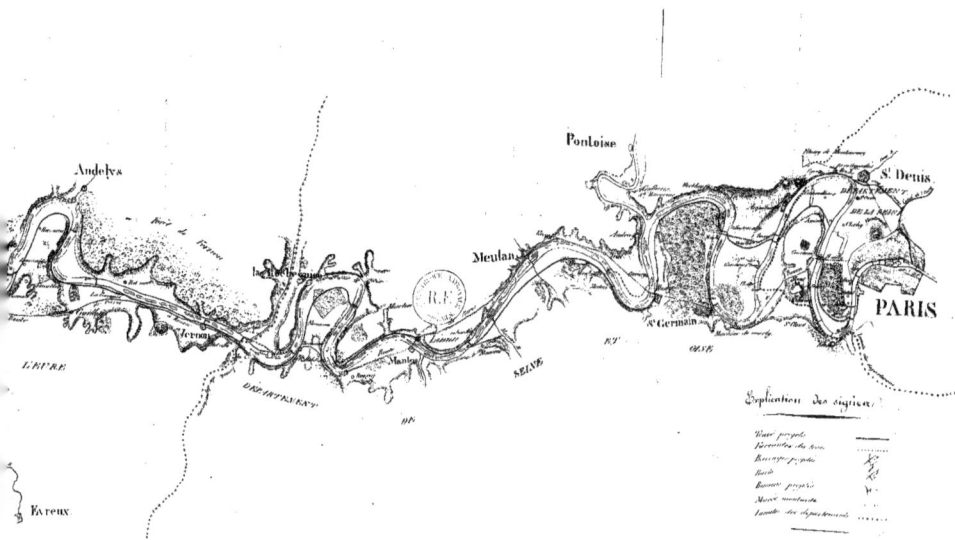

Andelys

Pontoise

St Denis

DÉPARTEMENT

BEAU BASIN

Meulan

PARIS

St Germain

DÉPARTEMENT

SEINE

OISE

L'EURE

DE

Mantes

Évreux

Explication des signes

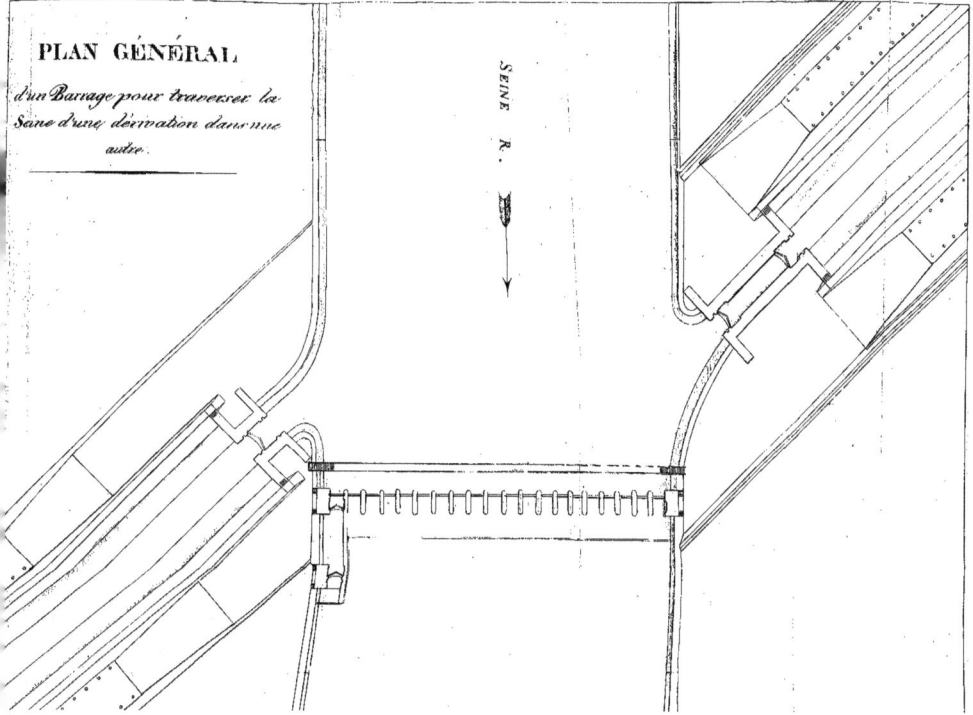

PLAN GÉNÉRAL

d'un Barrage pour traverser la
Seine d'une dérivation dans une
autre.

SEINE R.

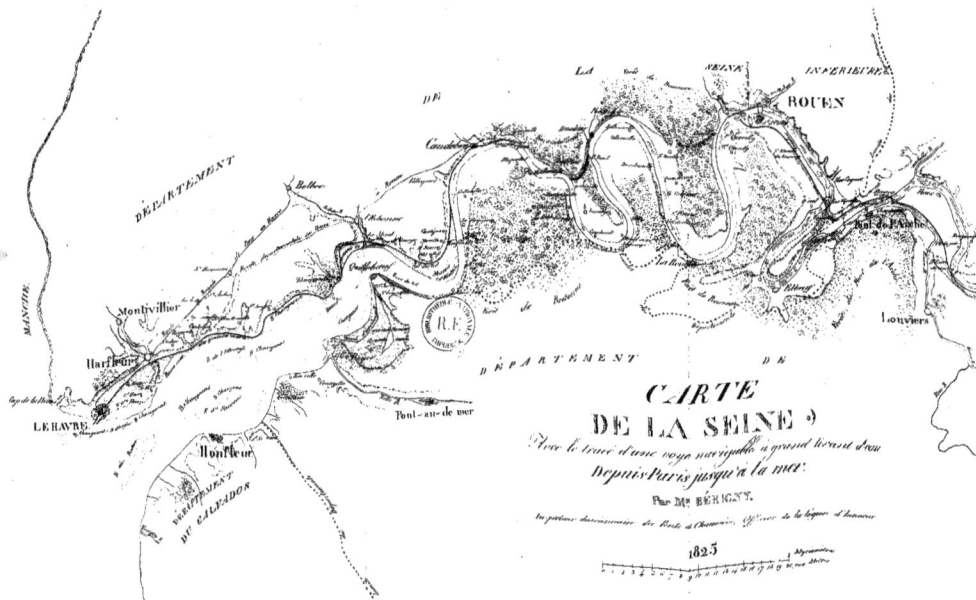

MANCHE

DÉPARTEMENT

DE

LA   SEINE   INFÉRIEURE

ROUEN

Bout de l'Arche

Louviers

Montivillier

Harfleur

LE HAVRE

Cap de la Hève

DÉPARTEMENT   DE

Honfleur

DÉPARTEMENT
DU CALVADOS

Pont-au-de-mer

R.F.

CARTE
DE LA SEINE ◦
Avec le tracé d'une voye navigable a grand tirant d'eau
Depuis Paris jusqu'a la mer.

Par M.ᵉ BÉRIGNY.

Ingénieur dictionnaire des Ponts et Chaussées, Officier de la légion d'honneur

1823

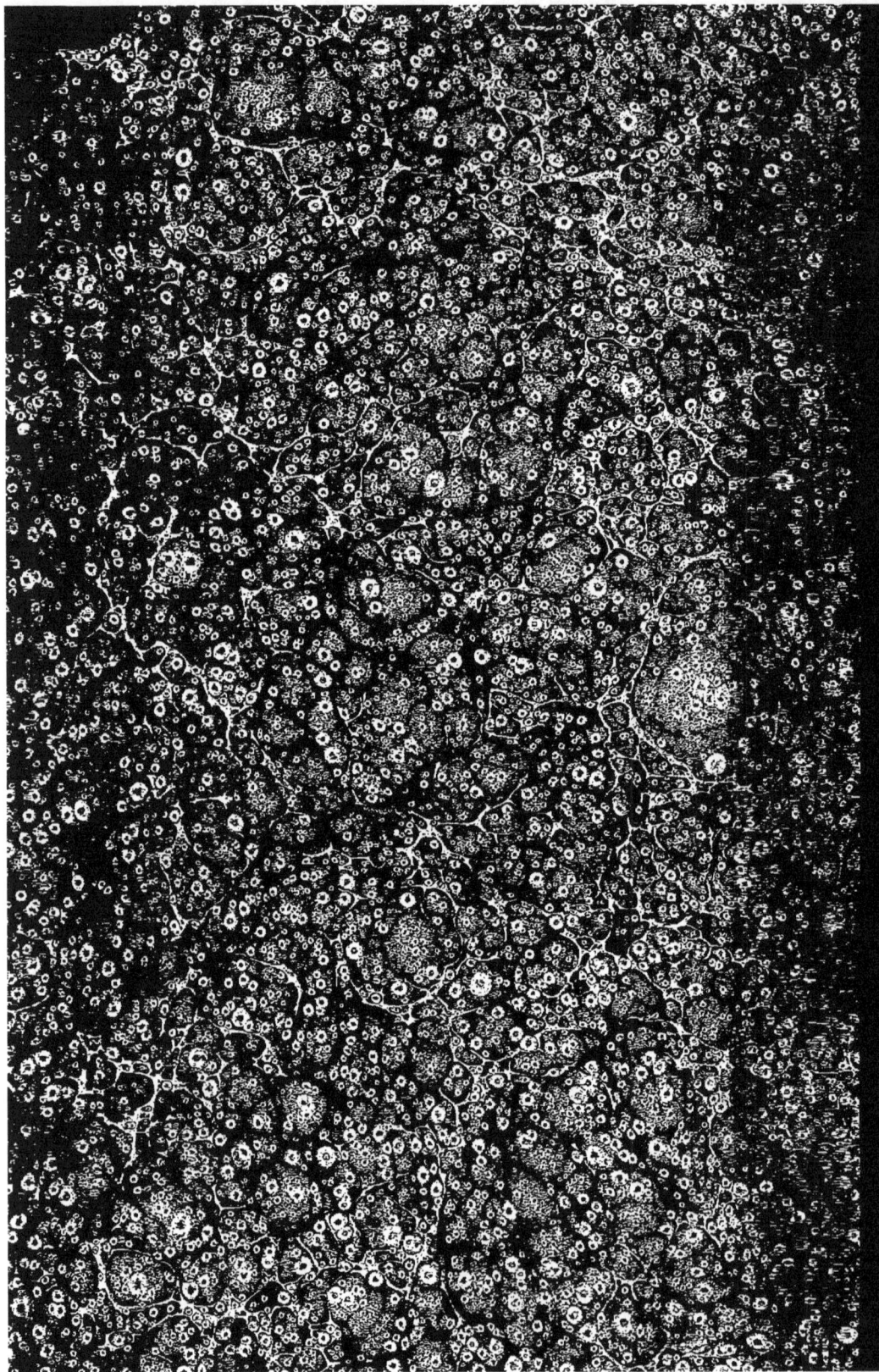

www.ingramcontent.com/pod-product-compliance
Lightning Source LLC
Chambersburg PA
CBHW071525200326
41519CB00019B/6074